我的私人花园

花木养护一本通

犀文图书 编著

中国农业出版社

前言 PREFACE

无论是临时的小窝，还是恒久的家，种上几盆花花草草平添几分温暖。盛放时节，看一盆盆花红叶绿；休眠时节，让泥土里延绵的生命陪我们走过每一天。等待下一个花季，等待生命中又一次灿烂辉煌地绽放。

养花除了自赏，还可以当礼物送给亲友或爱人，对方一定为这份独一无二、充满诚意的礼物所感动。花草用自己的美装点着人们的生活。

而无论是养护观花植物、种植观叶植物，还是培育水养植物，热爱植物种植的人们总是那么享受。挑花盆、选花种、养植株都是那么令人充满希望，但一些植物的病害、虫害往往会成为种植过程中不和谐的"弦外之音"，可不能让它破坏了种植观赏植物的美好过程。这就是我们这本《花木养护一本通》的创作宗旨：从养护基础到养护技巧，一一讲解。通过实例，讲习性、说形态，剖析原因，有的放矢对付花草病虫害。

愿我们的书为您的种植过程保驾护航，让您家的花儿更艳丽、小树更青葱、水培植物更加生机勃勃!

目 录 CONTENTS

Part 4 水培花木基础及养护实例

Part 1
土培花卉养护基础

花木盆栽工具篇

所谓工欲善其事必先利其器，要栽种一株好看的花木，让家居环境生机勃发，首先需要从挑选耐用、称手、美观的种植工具开始。下面我们就来看一下花木养护过程中常会用到哪些工具。

常用工具

枝剪

花剪

① 剪刀

备好枝剪和花剪，前者用于修剪木本花卉或剪取插条、修剪整形，后者用于修剪草本花卉或剪取细竹竿作支撑物。

② 毛笔

用于开花时的人工授粉，提高植株的结实率与杂交培育新品种。

③ 竹签

选长20～30厘米、宽2～4厘米、厚0.3～0.5厘米的废旧竹片一段，将前端削成尖形，做成竹签，用于疏松盆土和移栽小苗。可做2、3支大小不同的竹签备用。

④ 小耙

用于盆栽和地栽花卉松土。

⑤ 小镊子

用于移栽小苗。

⑥ 竹夹子

自制或选购竹夹子1～2个，用于仙人掌类等带刺花卉的移栽、嫁接。

⑦ 铲子

分小花铲和稍大的铲子。花铲可备多种型号的，用于栽花上盆铲土，换盆修根以及移苗、起苗和挖坑；铲子则用于搅拌栽培基质，换盆时铲土、脱盆、加土等。

⑧ 嫁接刀

用于花木的扦插或嫁接。

⑨ **浇水壶**

分为小喷壶和稍大的喷水壶。稍大的喷水壶主要用于日常浇水和施肥，小喷壶则最好选购活头喷壶，安上喷头可以浇花苗和木苗，卸下喷头可用于大盆花卉的浇灌。

⑩ **水缸**

有条件的可备两个小水缸，一个用于泡制液肥，一个用于盛放清水。

⑪ **小型喷雾器**

用于刚购买的盆栽植株，也可在夏、秋气候干燥时向叶面和盆栽喷雾，增加空气湿度，有利于一些喜湿、叶面革质的木本植物的植株恢复和新叶萌发、生长。同时，喷雾器清洗后可用作喷药和喷肥。

⑫ **播种压板和铜细筛**

主要用于播种繁殖，压平播种土的表面，筛上一层经消毒的土。

工具的保养

① **清洁**

每次使用工具后，要将工具上的泥土或药、肥清除干净。在使用有木把的工具后，可以给木把擦上亚麻油保护。是沾过化学品的金属工具一定要彻底清洁干净，因为化学肥、药会腐蚀金属部件。

② **金属工具防锈**

用水冲洗后，要将工具上的水擦干或晾干再收起来，否则金属工具会生锈。在使用剪枝工具后，可用一块油布把金属部分擦一遍；也可用干净布将工具金属部分擦干净，然后涂上一点油。

③ **打磨维护**

使用有刀刃的工具，可以准备一块磨石，用来打磨工具刃口，使其保持锋利。

当完成以上园艺工具保养程序后，请将工具放入专用的布袋或工具箱内保存，以便下次使用。

花木盆栽花盆篇

为花木选择一个合适的花盆，在花木养护过程中非常重要。一个合适的花盆可以让花木茁壮成长，反之就有可能制约花木的发育。而一个好看的花盆对于一株美丽的花木而言是锦上添花，可以帮助花木更好地融入到种植环境当中。

花盆的种类及用途

① 素烧花盆

又称泥盆、瓦盆，是用泥土烧制的花盆，一般底部有排水孔。它的优点是透气、渗水性能良好，适合盆栽花卉的生长。不足之处是欠美观，烧制不熟的易自行粉坏。

② 紫砂花盆

俗称宜兴盆，产于江苏宜兴。它的优点是外形美观，适合室内陈设，缺点是透气性较差。

③ 缸瓦花盆

质地坚硬，耐用。缺点是透气性差，不美观。

④ 瓷花盆

制作精细，涂有彩釉，外形美观，多作套盆用，也可以种植花卉，缺点是透气性能差。

⑤ **塑料花盆**

　　优点是轻巧、耐用，造型多样，但排水和透气性能差。

⑥ **陶艺花盆**

　　用陶泥烧制而成，有一定的透气性，有的会在素陶盆上加一层彩釉，透气性稍差。造型多样，比较美观。

⑦ **木花盆**

　　木盆大小形状多样，通气透水性好，但易腐坏。

⑧ **玻璃花器**

　　常见的玻璃花器多为方形或圆形，也有六角形等其他造型。玻璃盆器皿多用于水培。

　　上述几种花盆，以素烧泥盆最适合花木生长，造价也低，造型美观，但因其透气性差，应在盆底多放一些粗沙或炉灰，培养土多加腐殖质和沙土，改善透气性和排水性，种植的花卉也能生长发育良好。

上盆步骤

"上盆"是指第一次把花苗栽入盆内，应在各种花木品种最适宜的移栽的时间上盆。落叶花木在11月下旬至次年3月中旬上盆，即在落叶后至萌发前上盆；常绿花木的移植在10月中旬至11月下旬，或次年3月上、中旬。除以上期限外，也可临时上盆，但须谨慎操作，妥善管理才能成活。

① 花盆的选择

根据花苗的大小选择合适的花盆，花盆太大太小都不好，盆太小，显得头重脚轻不相衬，根系也难以舒展；盆太大，盆中持水过多，而植株叶面积小，水分蒸发少，土不易干燥，影响根系呼吸，甚至导致烂根。一般选择盆口直径为植株冠径2/3的花盆。

② 修剪

挖起准备上盆的花卉，剪去过长的和受伤的根系，再剪去地上部分某些过长的枝叶。修剪的目的是减少水分蒸腾，与根系保持水分平衡，使植株上盆后容易成活。

③ 栽植

填土前先用3、4块瓦状石块盖于排水孔上面，做到堵而不塞，利于排水。浅盆、小盆上盆时，可在排水孔处铺塑料纱网或棕皮。一些名贵的花木，如兰花、杜鹃等，上盆时在盆底增放一些碎砖瓦渣、木炭等吸水物以利渗水。然后放入粗土，再放少量培养土，最后将花木种入盆中，四周均匀填土，将满时，把花苗往上略提一提，并摇动花盆，使土壤与根系密接。

若花木带有土球，需先剔除一些陈泥并修剪根系，再将植株置盆中央，填实盆土。

填土的高度应离盆口1～3厘米，以便日后浇水、施肥不至外溢。上盆时还要注意盆苗姿态，主干、树冠要正直，深浅、位置要适当。

④ 浇水

上盆完毕，应马上浇水，第一次浇水一定要浇足，直至盆底有水渗出，如果一次不易浇透，可分几次浇灌；也可将盆放在盛水的容器内，使水从盆底孔慢慢渗透进去，直至盆面土湿润了再从盛水容器中拿出，但要注意盛水器内的水不能高于土面。

⑤ 服盆

　　新上盆的花卉不能立即放在阳光下暴晒，而应放在阴处，几天后逐步增加光照。因为新上盆的花卉根系受到损伤，吸水能力下降，光照太强会引起新上盆花卉萎蔫。

小苗　　　　　　　　　　　　　　上盆

如何换盆

　　换盆的目的是为花卉的不断生长重新创造良好的土壤条件，为此，要选择适宜的优质培养土来进行更新，同时在操作过程中，不能损伤枝叶。换盆前1~2天暂停浇水，使盆土变得干燥一些。以便盆土与盆壁脱离，有利于操作。换盆时小型和中型花盆可用手轻轻敲击花盆四周，使盆土与花盆稍分离，再将花盆连同植株向一边倾倒，此时一只手托住植株，另一只手用拇指或木棍从盆底排水孔处用力向里推几下或轻扣盆底，便可将植株连土坨倒出。

分株

如为宿根花卉，需将原土坨肩部和四周外部的宿土铲掉一层，剪除枯枝、卷曲根及部分老根，在大一号盆内填入新的培养土，将其栽入。

如为木本花卉，可将原土坨适当去掉一部分，并剪除老枯根，栽入大一号盆内，并注意添加新的培养土。换盆时栽植方法与上盆方法基本相同。

换盆后要充分灌水，以使根系与土壤密接。换盆后数日宜放置阴处，待恢复后再按日常方法管理。

上盆

小贴士

需要换盆的情况

1.植株不断长大，原盆容纳不下。

2.随着植株的生长发育，盆内原有养分已基本耗尽。

3.长时间浇水，造成土壤板结，植株生长不良。

4.一般一、二年生草花开花前换盆2～3次；宿根花卉大多1年换盆1次；木本花卉2～3年换1次。换盆时间为春季生长开始前或秋季停止生长后，小盆换大盆可随时进行。

花木盆栽泥土篇

泥土滋养衍生万物。一份合适的土壤对植物的健康生长有着很重要的作用。认识土壤、学会配制土壤，是我们进入花木世界的重要一步。

培养土的成分

根据各种花卉对土壤的不同要求，往往需要人工调制混合土壤。这种土壤被称为培养土。培养土的种类很多，主要有：

① 园土

是培养土的主要成分。由垃圾、落叶等经过堆制和高温发酵而成，通常也把绿化带里的土称为园土。

② 腐叶土

又叫山泥，是一种树叶腐化而成的天然腐殖质土，除用于配制培养土外，还可单独用于种植杜鹃、山茶等喜酸性土壤的花卉。

③ 泥炭

又叫草炭、泥煤，含有埋藏在地下未完全腐烂分解的植物体以及丰富的有机质。加入泥炭有利于改良土壤结构，可混合使用或单独使用。

④ 河沙

是培养土的基础材料，可选用一般粗沙。掺入一定比例的河沙有利于土壤透气排水。

⑤ 砻糠灰

就是稻壳烧的灰，富含钾，掺入砻糠灰可使土壤疏松。

⑥ 锯末

木屑经发酵分解后，掺入培养土中，能改变培养土的松散度和吸水性。

⑦ 苔藓

苔藓晒干后掺入培养土，可使土质疏松，排水、透气良好。

培养土的配制

① 草本植物用土

腐叶土3份、园土5份、河沙2份。

② 木本植物用土

腐叶土4份、园土5份、河沙1份。

③ 播种及幼苗用土

腐叶土5份、园土3份、河沙2份；或腐叶土2份，园土
1份，厩肥（家畜的粪尿和垫圈的土、草混合沤成的肥）少
量，沙少量；或腐叶土1份，园土1份，砻糠灰1份，厩肥
少量；或园土2份，砻糠灰与河沙各1份。

④ 温室花木用土

腐叶土4份、园土4份、河沙2份。

⑤ 一般盆栽花卉用土

腐叶土1份，园土1份，砻糠灰0.5份，厩肥土0.5份；或腐土1份，园土1.5份，厩肥土
0.5份；或园土2份，腐叶土2份，河沙1份；或塘泥3份，塘肥和砻糠灰各1份。

⑥ 耐阴湿植物用土

腐叶土0.5份，园土2份，厩肥土1份，砻糠灰0.5份；或腐叶土2份，河沙1份，锯末或
泥炭1份。

⑦ 扦插用土

扦插因生根前不要养料，所以常用黄沙或蛭石。可以园土和砻糠
灰各半；或园土1份，腐叶土1份。某些花卉单用砻糠灰扦插也可。

⑧ 喜酸性植物用土

用山泥或腐叶土、园土再加少量黄沙即可。山泥或垃圾土2份，泥炭或锯末1份。

⑨ 多浆植物用土

腐可用黄沙0.5份，园土0.5份，腐叶土1份；或用砖渣1份、园土1份。

Part2
土培花木养护技巧

繁殖技巧

您是不是想那株深爱的植物一直陪伴您呢？您是不是希望它再开的花还是那么好看、结的果还是那么甜？是不是手上有一颗种子，就想看到种子发芽、一天天长大？现在，我们就来看看植物繁殖的一些技巧吧。

种子繁殖

花木的播种时间大致是春秋两季，通常春播时间在2~4月，秋播时间在8~10月。家庭栽培受条件限制，没有大的苗床，均采用盆播，如有庭院，也可采用露地撒播、条播。

盆播在播种前将盆洗刷干净，盆孔盖上瓦片，在盆内铺上粗砂或其他粗质介质作排水层，然后再填入筛过的细砂壤土，将盆土压实刮平，即可进行播种。一些大粒种子，可以一粒粒的均匀点播，然后压紧再覆一层细土。小粒种子则可采取撒播，均匀播于盆中，然后轻轻压紧盆土，再薄薄覆盖一层细土；并用细眼喷壶喷水，或用浸水法将播种盆坐入水池中，下面垫一倒置空盆，水分由底部向上渗透，直至浸到整个土面湿润为止，使种子充分吸收分水和养分；然后将盆面盖上玻璃或薄膜，以减少水分蒸发。

播种到出苗前，土壤要保持湿润，不能过干过湿，早晚要将覆盖物掀开数分钟，使之通风透气，白天再盖好。一旦种子发出幼苗，立即除去覆盖物，使其逐步见光，不能立即暴露在强光之下，以防幼苗猝死。幼苗过密，应该立即间苗去弱留强，以防过于拥挤，使留下的苗能得到充足阳光和养料，茁壮成长。间苗后需立即浇水，当长出1~2片真叶时，即可移植。

分株繁殖

分株繁殖多用于宿根性草本植物的繁殖，有时为实行老株更新，亦常采用分株法促进新株生长。分株繁殖大致可分为以下几类：

一 块根类分株繁殖

如大理花的根肥大成块,芽在根茎上多处萌发,可将块根切开（必须附有芽）另植一处,即繁殖成一新植株。

二 球茎类的分球繁殖

将球茎鳞茎上的自然分生小球进行分栽,培育新植株。一般很小的子球第一年不能开花,第二年才开花。母球因生长力的衰退可逐年淘汰,根据挖球及种植的时间来定分球繁殖季节,在挖掘球根后,将太小的球分开,置于通风处,使其通过休眠以后再种。

三 根茎类的分株繁殖

埋于地下向水平横卧的肥大地下根茎,如美人蕉、竹类,在每一长茎上用利刀将带3～4芽的部分根茎切开另植。

四 宿根植物分株繁殖

丛生的宿根植物在种植三四年或盆植二三年后,因株丛过大,可在春、秋二季分株繁殖。挖出或结合翻盆,根系多处自然分开,一般分成2、3丛,每丛有2、3个主枝,再单独栽植。如萱草、鸢尾、春兰等花卉。

五 丛生型及萌蘖类灌木的分株繁殖

早春或深秋将丛生型灌木花卉掘起,一般可分2～3株栽植,如腊梅、南天竹、紫丁香等。另一类是易于产生根蘖的花木,将母体根部发生的萌蘖,带根分割另行栽植,如文竹、迎春、牡丹等。

扦插繁殖

在种植多肉植物的过程中，有以下几个要点需要注意：

1. 叶插

叶插即用植株叶片作为插穗，一般多用于再生力旺盛的植物。可分为全叶插和部分叶片扦插。用带叶柄的叶扦插时，极易生根。叶插发根部位有叶缘、叶脉、叶柄。非洲紫罗兰叶插于土中或泡于水中均可在叶柄处长出根来。可将叶片剪为数段扦插的如虎耳兰，虎耳兰叶身较长，可切为7～8厘米长，斜插于盆中，可由叶片下部生根发芽。

2. 叶芽插

叶芽插是一枚叶片附着叶芽及少许茎的一种扦插法，介于叶插和枝插之间。茎可在芽上附近切断，芽下稍留长一些，这样生长势强、生根壮。一般插穗以3厘米长短为宜。橡皮树、花叶万年青、绣球花、茶花都可采用此法繁殖。

3. 枝插

因取材和时间的差异，枝插又分为硬枝扦插和嫩技扦插。

硬枝扦插：落叶后或翌春萌芽前，选择成熟健壮、组织充实、无病虫害的一二年生枝条中部，剪成10厘米长左右，3～4个节的插穗，剪口要靠近节间，上端剪成斜口，以利排水，插入土中。绣球花、茉莉、橡皮树等可硬枝扦插。

软枝扦插：即当年生嫩枝插。剪取枝条长7～8厘米，下部叶剪去，留上部少数叶片，然后扦插。菊花、一品红、天竺葵、海棠等适合软枝扦插。

半硬枝扦插：主要是常绿花木的生长期扦插。取当年生半成熟枝梢8厘米左右，去掉下部叶片留上部叶片两枚，插入土中1/2～2/3即可，桂花、月季等可半硬枝扦插。

4. 根插

用根作为插穗繁殖新苗，仅适用于根部能发生新梢的种类。一般用根插时，根越大则再生能力越强，可将根剪为5～10厘米长，用斜插或水平埋插，使发生不定芽和须根，如芍药，靠近根头的部分，发芽力旺盛；再如垂盆草根细小，可切成2厘米左右的小段，撒于盆面上然后覆土。腊梅、牡丹、非洲菊、雪柳、柿、核桃、圆叶海棠都可采用根插。

扦插后的管理：主要是勿过早见强光，遮阴浇水，保持湿润。根插及硬枝插管理较为简单，勿使其受冻即可。软枝、半硬枝插宜精心管理，保持盆土湿润，以防失水影响成活。发根后逐步减少浇水，增加光照，新芽长出后施液肥1次，植株成长后方可移植。此外，在整个管理过程中，要注意病虫害防治和除草松土。

嫁接繁殖

嫁接是用一植株的一部分，嫁接于其他植株上繁殖新株的方法。用于嫁接的枝条称接穗，所用的芽称接芽，被嫁接的植株称为砧木，接活后的苗为嫁接苗。在接穗和砧木之间发生愈合组织，当接穗萌发新枝叶时，即表明接活，剪去砧木萌枝，就形成了新个体。

休眠期嫁接一般在3月上中旬，有些萌动较早的种类在2月中下旬。秋季嫁接在10月上旬至12月初。生长期嫁接主要是进行芽接，7、8月为最适期，桃花、月季多在此期间嫁接。

砧木要选择和接穗亲缘近的同种或同属植物，且适应性强，生长健壮的植株；接穗要选生长饱满的中部枝条。嫁接的主要原则是切口必须平直光滑，不能毛糙、内凹，嫁接绑扎的材料，现在多用塑料薄膜剪成长条。操作方法主要有如下几种：

1. 切接

将选定砧木平截去上部，在其一侧纵向切下2厘米左右，稍带木质部，露出形成层，接穗枝条一端斜削成2厘米长，插入砧木，对准形成层，绑扎牢固即可。

2. 靠接

将接穗和砧木两个植株，置于一处，将粗细相当的两根枝条的靠拢部分，都削去3~5厘米长，深达木质部，然后相靠，对准形成层，使削面密切接合并扎紧。

3. 芽接

多用丁字形芽接，即将枝条中部饱满的侧芽，剪去叶片，留下叶柄，连同枝条皮层削成芽片长约2厘米，稍带木质部，然后将砧木皮切成一丁字形，并用芽接刀将薄片的皮层挑开，将芽片插入，用塑料薄膜带扎紧，将芽及叶柄露出。

病虫害防治技巧

在花木生长的过程当中，作为一个非专业人员最怕遇到的可能就是植物的病虫害了。因为病虫害的防与治都是相对专业的领域，没有专业的知识，一旦植物发生病虫害，无论我们多么细心照顾，都很难让它恢复健康。

为了避免这样的事情发生，下面就让我们简单了解一些常见的病虫害以及其防治技巧，当这些"意外"发生的时候，我们就不会手忙脚乱了。

常见病害防治

1. 炭疽病

①生长季节，发现叶片上产生病斑时，应及早剪除。

②发病初期最好的方法是药剂防治，常用的药剂为65%代森锌可湿性粉剂500～600倍液或70%的甲基托布津可湿性粉剂1000～1200倍液喷雾，一般5～7天1次，连续3～4次。

③0.2%的小苏打液对炭疽病及其他真菌性叶斑病都有较好的防治效果。

④取生姜一份，捣成泥状，加水20倍浸泡12小时，过滤后用滤液喷洒患病植株。

2. 白粉病

①合理施肥，不偏施氮肥。培植健壮花卉可提高植株抗白粉病能力。

②发病时，用25%的粉锈宁可湿性粉剂1500～2000倍液或80%的代森锌可湿性粉剂500～600倍液在刚开始发病时喷洒，7～10天1次，连续3～4次。

③用新鲜韭菜叶50克，捣烂后加水3000毫升过滤，用滤液喷洒叶面，隔3天再喷洒1次，连续喷洒3次。

④取大蒜30克，捣烂后加水500毫升，搅匀过滤，取滤液喷洒叶面，每天1次，连喷3～4次。也可用毛笔或旧牙刷把蒜液涂刷在植物患病处，轻者一次可治愈，重者约2～3次便可治好。

⑤先将植株用清水喷湿，后用喷粉器将硫磺粉喷到植株上。有病的地方多喷，无病的地方少喷。

3. 白绢病

①在土壤中拌入1:10体积比的草木灰，或浇施0.33%石灰水将pH调高，使之达到6.5

左右，可减少白绢病的发生，效果明显。

②当病害发生时，用医用氯霉素针剂2000倍水溶液淋施病株，每日1次，连浇3次。一旦发病应剪去病叶，并改善通风条件，可控制病情，防治效果良好。

③新芽长出土面后，每周用0.05%氯霉素喷施1次，喷施2、3次。如盆土干燥时，可用此药浇施，以预防细菌感染。此外，浇喷阿斯匹林1500倍液，可增强植株免疫力，阻止病菌侵入、扩散。

4. 黑斑病

①秋后彻底清除病枝落叶，集中烧毁，以减少初侵染源。早春及时修剪，使之通风透光，降低湿度。适当稀植，生长期间及时摘除病叶。增施有机复合肥。浇水时直接浇入土壤，勿湿叶子。

②早春发芽前喷洒0.5%~1%的波尔多液或45%晶体石硫合剂50~100倍液，或70%代森锰锌可湿性粉剂600倍液，或70%甲基托布津1000倍液，每隔10~15天喷1次，连续喷2、3次，能取得良好的防治效果。

5. 诱病

①选用抗病品种；及时剪除病枝、病叶并集中烧毁，清洁园地；及时排水，适当增施磷、钾、钙肥，增强植株抗病能力。

②可在早春发芽前喷洒3波美度石硫合剂。生长季节根据发病情况，可喷洒1500~2000倍的15%粉锈宁可湿性粉剂，或65%代森锌可湿性粉剂500~600倍液，或97%敌锈宁可湿性粉剂400倍液3、4次，间隔期7~10天。

③将茶籽饼磨碎，用开水浸泡1昼夜，然后过滤，加水稀释100倍喷雾。

6. 根腐病

①加强栽培管理，严防土壤板结积水，增施有机肥，改善土壤酸碱度，提高花卉的抗病能力。

②发病初期，可用0.3%~0.5%高锰酸钾溶液喷雾或灌根，7~10天1次，连续2、3次，一般施药时间在上午的9:00左右，下午的16:00以后效果较好（注：此药要随配随用）。

③将病株挖起，剪除发病的部分，将根部放在1%硫酸铜水溶液中浸泡7分钟，然后用清水冲洗根部，稍晾，趁半干时，喷上硫磺粉，再植入盆中（盆土需经消毒）。

④将大蒜捣烂、浸提汁液，加水20~25倍搅匀，过滤后立即喷洒。

常见虫害防治

1.介壳虫

①虫少时，可用软刷或竹片轻轻刷除，或用布蘸上煤油抹杀。

②花椒100克，加水1000毫升，文火熬煮至500毫升原液，用时加水200毫升喷雾。

③白酒1份，加水2份，浇洒盆土，要浇透表层土壤，于4月中旬浇1次，后每半月浇1次，连续4次。

④用醋50毫升，棉球浸醋后揩擦花木上的虫体，或用酒精反复擦拭。

⑤用80%的敌敌畏乳油1000～1200倍液均匀喷洒（要求在若虫期）。

2.红蜘蛛

①发现叶片上有灰黄色斑时，要检查叶背或叶面，如有虫时，应及时摘除虫叶。

②洗衣粉15克，加20%的烧碱液15毫升，加水7500毫升，三者混合后喷雾。

③点蚊香一盘，置于有虫的盆花中，再用塑料袋连盆扎紧，熏1小时。不论虫卵或成虫均可杀死。

⑤尿素5克，加洗衣粉1克，加水50毫升喷洒，既可杀虫又可作叶面肥。

3.蚜虫

①蚜虫零星发生时，可用毛笔蘸清水将虫洗掉，刷下的蚜虫要及时清理干净，以免蔓延。

②可用新鲜或干的红辣椒50克，加水300～500毫升，煮30分钟左右，用纱布过滤，用滤液喷洒植株。

③生姜捣烂，加水20倍浸泡12小时过滤，用滤液每天喷1次，连喷4、5次。

④洗衣粉3～4克，加水100毫升，搅拌后喷洒花木，连续喷2～3次，或用风油精加水600～800倍液喷洒。

⑤烟草末40克，加水1000毫升浸泡48小时后过滤，使用时，原液加水1000毫升，另加洗衣粉2～3克，搅拌均匀后喷洒。

4. 粉虱

①用中性洗衣粉加水稀释400倍，对植株喷雾，每隔5、6天喷1次，连续喷2~3次。

②用浴罩罩住盆花，用80%敌敌畏乳剂熏蒸，每立方米用2毫升原液，加水150倍，均匀地洒在摆花行间地面上。熏蒸时将门窗密闭一夜。熏后每5、6天再熏1次，连续熏3~4次即可。

③利用白粉虱对黄色有强烈趋性的习性，可在花卉植株旁边插一黄色塑料板，并在板上涂黏油，然后振动花枝，使白粉虱飞到板上粘住捕杀。

5. 线虫

①发现病苗，及时拔除，集中烧毁，然后每平方米撒石灰1000克，或3%呋喃丹颗粒剂50克或5%洋灭威颗粒剂50克进行病土消毒。

②发病初期可用药液灌根，常用药剂有50%辛硫磷乳油1500倍液，或90%晶体敌百虫800倍液，或80%敌敌畏乳油1000倍液，每株灌药液250~500毫升。

③盆土用锅蒸、炒消毒。

④乐果或敌敌畏1500~2000倍液浇入土中。

6. 地老虎

①成虫交尾后将卵产于杂草的茎叶上，清除杂草可消灭虫源。

②可用黑光灯诱掳，也可根据成虫的趋化性制作毒饵诱杀，将红糖、醋和水按2：2：5的比例混合后，加入少许90%晶体敌百虫，然后和炒面拌在一起，放入浅盘摆在灯下，成虫嗅到香甜味即来争食，不等它们钻回土中即可将其毒死。

③用50%辛硫磷1000倍液向杂草和花木上喷布，或用500倍液喷洒在土壤表面。

花木施肥的技巧

施肥时间

　　"适时施肥"就是在花需肥时施用肥料。发现花叶变浅或发黄，植株生长细弱时为施肥最适时期。此外，花苗发叶，枝条展叶时要追肥，以满足苗木快速生长对肥料的需求。花的不同生长时期对肥的需求也不同。施肥种类和施肥量也有所差别。如苗期多施氮肥可促苗生长，花蕾期施磷肥可促进花大而鲜艳、花期长。

　　盆栽花卉在高温的中午前后或雨天不宜施肥，此时施肥容易伤根，最好在傍晚施肥。春夏季节花卉生长快，长势旺，可适量多施肥。入秋后气温逐渐降低，花卉长势减弱，应少施肥。8月下旬至9月上旬应停止施肥，防止出现第二个生长高峰，否则会因新生花卉组织细胞细嫩而导致越冬困难。越冬花卉，冬季处于休眠状态应停止施肥。

肥料用量

　　盆栽花卉施肥应做到"少吃多餐"，即施肥次数多，每次施肥量要少。一般每7～10天施1次稀薄肥水，立秋后15～20天施1次。随花木逐渐长大，施肥浓度逐渐加大，如尿素施用浓度由前期的0.2%逐步加大到1.0%；磷钾肥由1.0%加大到3.0%～4.0%。具体到每种肥料对每种植物的用量可参照肥料部分的文字说明。

施肥方法

　　基肥：在育苗和换盆过程中将事先腐熟好的肥料按照一定比例混入土壤中，以提供长期生长需要的肥料的一种方法。肥料一般采用自己制作的有机肥，如腐熟的饼肥、骨粉、炒熟的黄豆等，效果都非常好。

　　追肥：在花卉生长期间，根据花卉不同生长期的需要，有选择地补充各种肥料。可以用化肥也可以用有机肥。使用化肥时，避开植株枝茎，撒到盆土中；或者将肥料稀释后浇灌。化肥使用起来简单，见效也快，但长时间使用会使盆土板结，土壤透气性差。而有机肥养分较全，肥效长，还能改良土壤，建议多使用有机肥，尽量少用化肥。使用有机肥时可以加水稀释后浇灌，也可以浅埋在植株周围，同样也要避开根茎。

　　叶面施肥：这种方法可以及时挽救因疏忽管理、出现营养不良等现象的植株，方便快捷，经济有效。方法是将肥料稀释到一定比例后，用喷雾器直接喷施在植株的叶面上，靠叶片来吸收。

　　施肥过程中还要注意把握时机。追肥和叶面施肥时，要在盆中土壤干燥时进行，此时的植株吸收效果最好。施肥前还要先松土，这样以利于肥水迅速下渗，减少肥料的损失。

Part3
土培花卉养护实例

罗汉松

别名：罗汉杉、土杉、金钱松、仙柏、罗汉柏、江南柏

形态特征 罗汉松树皮灰色或灰褐色，浅纵裂，成薄片状脱落；枝开展或斜展，较密。叶螺旋状着生，条状披针形，微弯，先端尖，基部楔形，上面深绿色，有光泽，中脉显著隆起，下面带白色、灰绿色或淡绿色，中脉微隆起。雄球花穗状、腋生，基部有数枚三角状苞片；雌球花单生叶腋，有梗，基部有少数苞片。种子卵圆形，种托肉质圆柱形，红色或紫红色，花期4~5月，种子8~9月成熟。

习性

喜温暖湿润的气候，喜阳较耐阴，喜湿耐干旱，畏寒，萌蘖力强，耐粉尘。

种植技巧

1.栽培：移植以春季3~4月最好，小苗需带土，大苗带土球。盛夏高温季节需放半阴处养护。冬季注意防寒。

2.土壤：要求沙质肥沃而排水良好的微酸性土，盆栽可用园土5份、煤炭土2份和粗沙3份配制成培养土。一般每2年换盆一次。

3.浇水：生长期保持土壤湿润。土壤干燥时浇透水，盛夏早晚淋透淋足，以防叶子萎蔫。冬季保持土壤干燥。

4.施肥：换盆时施腐熟有机肥作基肥，生长季节薄施多次，2~3月和9~11月施腐熟有机肥，三七肥水3~4次。

5.修剪：开花时最好及时将花蕾除去，以免消耗养分。对已造型的盆景，必须注意摘心和修剪，防止枝叶徒长，以保持原来的姿态。修剪摘心工作最好在春、秋季生长期间进行。

6.病虫害防治：病害主要有叶斑病和炭疽病危害，用50%甲基托布津可湿性粉剂500倍液喷洒。虫害有介壳虫、红蜘蛛和大蓑蛾，可用40%氧化乐果乳油1500倍液喷杀。

苏铁

别名： 铁树、凤尾蕉、铁甲松

形态特征 苏铁羽状叶从茎的顶部生出，叶轴横切面四方状圆形，柄略成四角形，两侧有齿状刺，厚革质，坚硬。种子红褐色或橘红色，倒卵圆形或卵圆形，稍扁，密生灰黄色短绒毛，后渐脱落，中种皮木质，两侧有两条棱脊，上端无棱脊或棱脊不显著，顶端有尖头。花期6~8月，种子10月成熟。

习性

喜温暖湿润，亦耐干旱，喜阳耐半阴，抗污染能力强。耐寒较强，生长慢，寿命长。

种植技巧

1.栽培：栽培以春季为宜。夏季要适当遮阴。冬季移入室内越冬，室温不低于5℃即可，超过15℃会导致新叶萌发。翌年4月移到室外。若新叶出现黄化，可施入硫酸亚铁或烂铁、铁钉等，以适应苏铁喜铁的习性。

2.土壤：要求疏松而排水良好的沙质土壤，盆土可用壤土1份、经堆沤的腐殖土1份、煤炭土1份充分混合。一般2年换盆一次。

3.浇水：春夏生长旺盛时需多浇水，夏季高温期还需早晚叶面喷水。入秋后应控制浇水，及时排出积水以防根腐病。

4.施肥：换盆时施有机磷、钾肥作基肥，每月可施腐熟饼肥水1次。

5.修剪：苏铁生长缓慢，每年仅长一轮叶丛，新叶展开生长时，下部老叶应适当加以剪除。

6.病虫害防治：苏铁抗性强，很少有病虫危害。主要虫害是介壳虫，可通过剪除病叶，置植株于阳光充足通风处防治，或用40%氧化乐果乳剂800～1000倍液喷洒。

报春花

别名： 樱草、年景花

形态特征 报春花叶多数簇生，叶片卵形至椭圆形或矩圆形，先端圆形，基部心形或截形，边缘具圆齿状浅裂，叶柄肉质，具狭翅，被多细胞柔毛。伞形花序，苞片线形或线状披针形，花梗纤细，花萼钟状，花冠粉红色，淡蓝紫色或近白色，蒴果球形。花期2~5月，果期3~6月。

习性

性喜温暖、半阴和湿润的环境，夏季怕高温。

种植技巧

1.栽培：受热后容易整株死亡，因此夏季必须放在有遮阴的凉爽通风处。冬季放在室内向阳处，其他季节均需遮去直射光，特别是苗期和花期更忌强烈日晒和高温。

2.土壤：培养土应疏松、肥沃、腐殖质含量高、肥效持久而又易于排水。培养土可把腐殖质土、马粪、园土、粗沙子或炉渣按2：1：2：1的比例配好混合均匀。

3.浇水：平时保持盆土湿润，夏季防阵雨袭击，采用喷雾、棚架及地面洒水等措施以降温。

4.施肥：花前和开花期间每隔半月左右施薄肥1次。

5.修剪：及时剪除残花和枯叶。

6.病虫害防治：常见的病害有褐斑病、花叶病、灰霉病等，发病初期喷洒70%百菌清可湿性粉剂1000倍液或喷洒70%甲基托布津1000倍液。虫害主要为蚜虫，可用40%乐果乳油1000倍液喷洒。

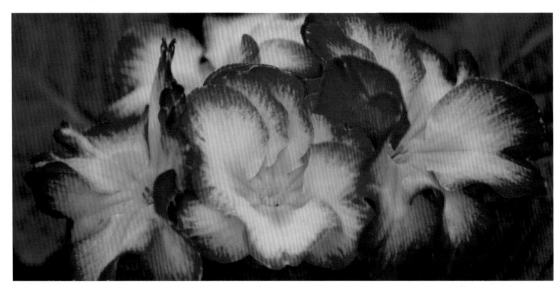

桂花

别名： 木犀、岩桂、九里香、金粟

形态特征 桂花树干粗糙、灰褐色。叶革质，对生，椭圆形、长椭圆形或椭圆状披针形，先端渐尖，幼叶边缘有锯齿。聚伞花序簇生于叶腋，花小，有乳白、黄、淡黄、橙红或橘红等色，香气极浓。花期9～10月，果期第二年3月。

习性

性喜温暖、湿润的环境，耐高温而不耐寒。

种植技巧

1.栽培：生长适温20℃～28℃。桂花适宜栽植在通风透光的地方；喜欢洁净通风的环境，不耐烟尘危害，畏淹涝积水，不很耐寒。

2.土壤：喜土层深厚、排水良好，富含腐殖质的微酸性壤土，盆栽可选用腐叶土、田土及少量有机肥和河沙混合配制营养土。

3.浇水：春、夏是桂花的生长期，要保持土壤湿润，忌盆土积水，以防烂根。

4.施肥：桂花需肥量较大，10天施肥1次，饼肥水与复合肥可交替施用，冬季休眠期停止施肥。

5.修剪：盆栽桂花可根据生长情况进行修剪，一般于秋季花后进行疏剪，早春把枯枝、病虫枝剪除，以利养分集中，有利春梢生长。

6.病虫害防治：常见桂花褐斑病、桂花枯斑病、桂花炭疽病等病害。防治除加强通风透气、透光，及时摘除病叶等，还可以在发病初期喷洒0.5%倍量式波尔多液，以后可喷50%多菌灵可湿性粉剂1000倍液或50%苯来特可湿性粉剂1000~1500倍液。发病初期喷洒0.5%倍量式波尔多液，以后可喷50%多菌灵可湿性粉剂1000倍液或50%苯来特可湿性粉剂1000~1500倍液。

菊花

别名： 秋菊、黄花、菊华、更生、节花

形态特征 菊花是多年生宿根草本植物。茎直立，单叶互生，两侧有托叶或退化，叶卵形至长圆形，边缘有缺刻及锯齿。叶的形态因品种而异。头状花序生于枝顶，极少单生，舌状花为雌花，管状花为两性花，花序外由绿色苞片构成花苞，花色有红、黄、白、紫、绿、复色等。花期多为7~9月。

习性

耐霜寒，喜湿润，又怕积水；喜肥，喜富含腐殖质的土壤。

种植技巧

1.栽培：怕强光暴晒，不宜见强光，以半阴为佳。栽植于凉爽、通风的环境，夏季要进行遮阴。不同品种生长适温不同，一般绿叶品种为12~18℃，斑叶品种为15~25℃。能忍受的最高温度约30℃，越冬温度应在10~15℃为宜。

2.土壤：对栽培基质有较高要求，可用腐叶、泥炭土、蕨根、树皮块、木炭、苔藓等混合配置成栽培，要求排水透气良好、保水性好而不能过于黏重，水分不能忽多忽少。喜土层深厚、肥沃、排水良好的沙质壤土。可用园土5份、腐叶土3份、堆肥2份配制成培养土。

3.浇水：盆土要求湿润，浇水应视盆土的干湿情况，保持见干见湿。夏季气温高，一般一天浇两次水，上午10点左右检查一遍，不干不浇，下午浇1次透水。秋季是菊花发育的重要时期，要保证水分的供给。冬季幼苗越冬要控制水量。

4.施肥：一般在立秋前不施肥；若基肥不足，每10天施1次稀液肥即可。夏天高温不施肥。自立秋后开始追肥，有机肥、无机肥交替施用，可适当增加肥料的浓度。花蕾形成前后，要加施磷肥，如磷酸二氢钾。

5.修剪：菊花在生长过程中，要经过摘心、修剪、抹芽、剥蕾等技术处理，才能开出理想的花朵。

①摘心：当扦插成活上盆时，基部留2片叶摘心，如此反复进行2~3次，最后一次摘心在7月中旬。

②修剪：通过摘心，每株上有8~15个枝，往往参差不齐，枝条过多，花也开不好，应在停止摘心后，当枝条长到一定高度，花蕾已形成，便将徒长枝、瘦弱枝剪去，留5~7枝高矮整齐的枝。

③抹芽与剥蕾：每当腋芽发生时，及时剥除。在花蕾发生后，应在每枝上留两个花蕾，待花蕾有黄豆粒大小时，只留一个蕾，其余的花蕾剥除，促使花期花径一致。

6.病虫害防治：菊花病虫害较多，常见病害是黑斑病，危害叶片，以雨季闷热期蔓延最快。防治

方法：首先改善不良条件，增强通风透光，掌握浇水量。同时，及时清除有病叶片，防止扩散。还可在发病前用80%的可湿性代森锌500倍液，每半月喷1次，喷2~3次即可。发病后用2000倍的托布津处理。常见的虫害有蚜虫、红蜘蛛、菊虎等，主要防治方法一般是勤向叶面洒水、及时摘除病叶并销毁。

月季

别名： 长春花、月月红、斗雪红、瘦客、胜春

形态特征 月季为常绿或半常绿灌木植物，或呈蔓状与攀援状，具钩状皮刺。叶互生，羽状小叶3~5枚，卵形或长圆形，基部近圆形或宽楔形，边缘具锐锯齿。花常数朵簇生，微香，单瓣，粉红或近白色。果卵球形或梨形。花期4~9月，果期6~11月。

习性

喜日照充足，空气流通，排水良好而通风的环境。

种植技巧

1.栽培：不论是庭院栽培还是阳台栽培，一定要注意通风。通风良好，月季花才能生长健壮，还能减少病虫害发生。

2.土壤：对土壤要求不高，盆栽可选用腐叶土、泥炭土等介质，土壤的酸碱度以pH为6.5左右为佳，如果土壤偏碱，可用硫酸亚铁进行处理，配制营养土时最好加入少量有机肥。

3.浇水：月季对水分要求较高，生长期保持盆土湿润，夏、秋温度较高，蒸发量大，宜喷水保湿，防止干燥脱水。浇水原则掌握见干见湿的原则，土壤表面干燥后即可浇1次透水，但切忌长期过湿。另外，夏季不要在烈日暴晒的情况下浇水，应在下午5点以后浇水，浇水后要注意通风。

4.施肥：月季喜肥，上盆时施足有机肥，如腐熟的鸡粪、饼肥等，10天追肥1次，以复合肥为主，一般花期停止施肥或施薄肥，花谢后及时追肥，以满足生长需要。北方土壤多呈中性，可定期施用硫酸亚铁。

5.修剪：对月季整形或控制高度的修剪主要是冬季，一般采用"中剪"或"重剪"。中剪在成熟枝的中下部进行修剪，每个开花枝留2~3个芽可集中供应养分，以形成强壮的开花枝。重剪是在枝条下部或近基部进行修剪，以促生新的分枝，达到更新的目的。

6.病虫害防治：月季品种繁多，常年开花，病虫害也多。一般预防病害黑斑病、白粉病等病害最好就是及时疏枝。对于比较常见的刺蛾虫害一旦发现立即用90%的敌百虫晶体800倍液喷杀，或用2.5%的杀灭菊酯乳油1500倍液喷。

别名： 曼陀罗树、晚山茶、耐冬

山茶花

形态特征 山茶花为常绿灌木或小乔木植物，嫩枝无毛。叶互生，革质，卵形或椭圆形，边缘有锯齿，深绿色。花单生或2～3着生于枝梢顶端或叶腋间。花冠有红、粉红、白、玫瑰红、杂色等颜色，单瓣、重瓣等品种，花期3～4月。

习性

喜温暖、湿润环境，喜光，略耐半阴，忌强光，略耐寒。

种植技巧

1.栽培：山茶为长日照植物。在日长12小时的环境中才能形成花芽。生长期要置于半阴环境中，不宜接受过强的直射阳光。特别是夏、秋季要进行遮阴，或放树下疏阴处。

2.土壤：喜肥沃、湿润、排水良好的中性和微酸性土，不耐碱土。盆栽选用腐叶土、沙土、厩肥土各1/3配制，或腐叶土4份，草炭土5份、粗沙1份混合的培养土。

3.浇水：以保持盆土和周围环境湿润为宜。浇水时不要把水喷在花朵上，否则会缩短花期。

4.施肥：喜肥。一般在上盆或换盆时在盆底施足基肥，秋、冬季每周浇一次腐熟的淡液肥，并追施1到2次磷钾肥，开花后可少施或不施肥。

5.修剪：盆栽山茶花除要疏枝、摘多余的花蕾外，还应进行整形修剪，但不宜重剪，因其生长势不强。

6.病虫害防治：山茶花常见病害有炭疽病、茶花饼病；常见虫害有红蜘蛛及介壳虫类等。除注意摘除病叶、病枝，还可喷洒40%的氧化乐果1000～1500倍液。

荷花

别名： 莲花、水芙蓉、六月花神、君子花、水中仙子

`形态特征` 荷花是被子植物中起源最早的植物之一，为睡莲科多年水生植物。它的根茎肥大多节，横生于水底泥中，叶盾状圆形，表面深绿色，被蜡质白粉覆盖，背面灰绿色，全缘并呈波状，叶柄圆柱形，密生倒刺；花单生于花梗顶端、高出水面之上，花色丰富，花托表面具多数散生蜂窝状孔洞，受精后逐渐膨大称为莲蓬，每一孔洞内生一小坚果为莲子。

习性

荷花性喜相对稳定的平静浅水，荷花的需水量由其品种而定，荷花还非常喜光，长花苞时期需要全光照的环境。

种植技巧

1.栽培：生育期间防止大风吹袭，以免吹折叶柄。天气凉爽时，保持充足光照，保护好叶子，以利藕的生长，此时盆内水位亦应逐渐降低。霜降后，剪掉残枝，清除杂物，移入室内，保持室温3~5℃即可，此时盆内少留水或不留，保持盆土湿润。

2.土壤：通常使用富含腐殖质的塘泥或稻田泥作基质，以有机肥作基肥。

3.浇水：极不耐干旱，特别是荷花的开花期正是盛夏高温季节，应保持水质清洁，如发现盆内的水污浊要换水。

4.施肥：盆栽荷花受盆土的限制，养分的吸收会受到影响，需要及时给荷花进行追肥。一般在栽后一个月左右可追肥一次，出现一至二片立叶时，再追肥一次，肥料以稀薄的腐熟的人类粪尿为宜。以后在荷花的开花期，最好每周追施一次液体肥料。

5.修剪：一般不做修剪，及时清除掉落的花瓣和枯叶即可。深秋再剪残枝。

6.病虫害防治：常见虫害为水蛆，可撒少量生石灰防治。常见病害腐烂病，首先要控制水位，然后喷施50%的多菌灵500倍液，或50%的疫霉净500倍液防治。

别名： 香蕉花、含笑梅、笑梅

含笑

形态特征 含笑是木兰科常绿灌木或小乔木，树干多分枝，冠状树形，单叶互生，叶椭圆形，嫩叶翠绿，它初夏开花，色象牙黄，花开时常不满，如含笑状，所以被称作"含笑"。

习性

含笑性喜温湿，不甚耐寒，长江以南北风向阳处能露地越冬，夏季炎热时宜半阴环境，不耐烈日曝晒。

种植技巧

1.栽培：含笑一般多取扦插或高压法繁殖。扦插可行于夏季，取二年生枝条剪成10厘米长，保留先端2、3片叶，插于经过消毒的偏酸性砂壤中，约40~50天可生根。高压可选枝条的适当部位作环状剥皮，然后以塑料薄膜装入酸性砂土包于环剥处，经常浇水使膜内土壤湿润，约3~4个月生根。

2.土壤：盆栽用土要疏松肥沃富含腐殖质，且偏酸性的土壤。一般园土可用河砂、腐叶土及腐熟的厩肥等适量调配达到上项要求。

3.浇水：平时要保持盆土湿润，但不宜过湿。生长期和开花前需较多水分，每天浇水一次，夏季高温天气需往叶面浇水，以保持一定空气湿度。秋季冬季因日照偏短每周浇水一至两次即可。

4.施肥：每半月施用稀薄的腐熟液肥一次，促使枝叶旺盛。开花期和10月份以后停止施肥。

5.修剪：含笑花不宜过度修剪，平时可在花后将影响树形的徒长枝、病弱枝和过密重叠枝进行修剪，并减去花后果实，减少养分消耗。春季萌芽前，适当疏去一些老叶，以触发新枝叶。

6.病虫害防治：常见病害枯叶病，可及时喷施50%托布津可湿性粉剂800~1000倍液防治。常见虫害考氏白盾蚧，应及早发现并使用40%乐果或40%氧化乐果1000倍液喷洒。

四季海棠

别名： 玻璃翠、四季秋海棠、瓜子海棠

形态特征 四季海棠为秋海棠科多年生草本植物，四季海棠茎浅绿色，节部膨大多汁，有发达的须根，叶互生，叶卵圆至宽卵圆形，聚伞花序腋生，枝叶浓密，叶片圆形，叶色因品种而异，花色有鲜红、粉红、白等。

习性

喜温暖，不耐寒，不耐干燥，亦忌积水。

种植技巧

1.栽培：生长适温10～30℃，低于10℃生长缓慢。在适宜的温度下可四季开花，花期长，连续开花性强，具有边开花边生长的特性。温度太高时生长不佳，会引起叶片的灼伤、焦枯和徒长，且易患病害。喜光线充足通风良好的生长环境，但强烈的日光直接照射会使叶片及花朵烧伤，故夏季栽培需遮阴40%～50%。

2.土壤：宜在轻质、肥沃的沙质土壤中生长。可用泥炭土或腐叶土1份，园土1份，沙1份配成培养土，并加入适量的厩肥、过磷酸钙及复合肥。

3.浇水：浇水要充足，保持盆土湿润，但不可过湿，且需加强通风，冬季应适当减少浇水量。

4.施肥：生长期每周追稀薄肥水1次，以复合肥为宜。

5.修剪：在栽培过程中对个别徒长枝要进行摘心，促使侧枝开花繁密，保持良好的株形。在花后剪去花枝，促生新枝。

6.病虫害防治：常见的病害有白粉病、细菌性立枯病，可用50%托布津1000倍液喷洒。虫害方面有蚜虫、粉介壳及红蜘蛛等，可用40%乐果乳油1500倍液喷洒。

杜鹃花

别名： 映山红、照山红、山石榴、山踯躅、山鹃

形态特征 杜鹃分枝多，叶革质，互生，常簇生顶端，卵形、椭圆状卵形或倒卵形。花簇生枝顶，花冠成漏斗状，玫瑰色、鲜红或暗红色，上部裂片具深红色斑点。蒴果卵球形。花期4～5月，果期6～8月。

习性

杜鹃花为典型酸性土植物。生于海拔500～1200米的山地疏灌丛或松林下，喜凉爽、湿润的环境，忌酷暑和干燥。

种植技巧

1.栽培：生长适温18℃～25℃。夏季高温季节，杜鹃花应置于阴凉处养护，并喷水保湿降温，不要见强光。

2.土壤：对土壤有一定要求，喜疏松、肥沃、富含腐殖质的偏酸性的土壤，忌用碱性或黏性土壤。盆栽可选用山泥或泥炭土栽培。

3.浇水：生长期保持土壤湿润，保证水分供应，忌干旱。

4.施肥：对肥料要求不高，掌握薄肥勤施的原则，以复合肥为主，10天施肥1次，每年施用2～3次矾肥水，防止缺铁。

5.修剪：花谢后及时摘去残花，减少养分消耗。对老株可更新复壮，在离地面30～40厘米处短截，一般在春季萌芽前进行。

6.病虫害防治：常见病害褐斑病，防治方法为冬春及时扫除并烧毁落叶。植株展叶后，每隔半个月喷施1%等量式波尔多液，可连续喷施2、3次，以防发病。在发病早期喷施50%甲基托布津可湿性粉剂1000倍液1、2次，以抑制病害发展。常见虫害冠网蝽，可用10%～20%拟除虫菊酯类1000～2000倍液，每隔10～15天喷施1次，连续喷施2、3次。

龙船花

别名： 英丹、仙丹花、百日红，山丹、水绣球、百日红

形态特征 龙船花属常绿小灌木，老茎黑色有裂纹，嫩茎平滑无毛，叶对生，几乎无柄，薄革质或纸质，倒卵形至矩圆状披针形，聚伞形花序顶生，夏季开花，花序具短梗，开花密集，花色丰富。

习性

龙船花需阳光充足的生长环境，喜温暖、湿润，怕干旱、寒冷。

种植技巧

1.栽培：龙船花需阳光充足，尤其是茎叶生长期，充足的阳光下，叶片翠绿有光泽，有利于花序形成，开花整齐，花色鲜艳。

2.土壤：土壤以肥沃、疏松和排水良好的酸性沙质土壤为佳。盆栽用培养土、泥炭土和粗沙的混合土壤，pH在5~5.5为宜。盆底排水孔应加大，并做排水层。每年翻盆换土一次。

3.浇水：平时要注意及时浇水，看花土表层干燥即可浇水，但不可积水。天气干燥时，要注意喷水增湿。雨季要注意倒盆排水，过分潮湿对开花不利，甚至落叶、烂根。冬季约一周浇水1次，使土壤稍湿就行。

4.施肥：肥水要充足，每周施1次20%饼肥水或过磷酸钙浸液。

5.修剪：龙船花一般两年换一次盆，换盆时间在5月初最好。换盆时要将植株的老根适当剪去，做好排水层后添加适量的栽培土，并施用一些马蹄片做基肥。龙船花的修剪一般在春季出室后进行，主要是对植株进行适当疏枝，以利通风，分枝较少则应强剪主枝，以使其多生侧枝。对病虫枝和枯死枝、下垂枝也应及时剪去。另外，花期适当摘心，可使其多孕蕾、开花。

6.病虫害防治：叶斑病发病初期开始喷药，药剂可选用50%多菌灵可湿性粉剂500倍液，或10%抗菌剂401醋酸1000倍液喷洒。

玉兰

别名：白玉兰、玉兰花

形态特征 玉兰是木兰科玉兰亚属落叶乔木。花白色到淡紫红色，大型、芳香，花冠杯状，花先开放，叶子后长，花期2～3月（亦常于7～9月再开一次花），果期8~9月。

习性

　　喜温暖湿润气候和阳光充足、通风良好的环境，耐寒性较强。根肉质，忌排水不良，积水易落叶或根部窒息而死，也不耐旱。

种植技巧

　　1.栽培：玉兰需要充足的阳光，生长期间要放在日照长、光照强的地方，特别是开花期间更应如此，每天光照不得少于6小时。但在炎热高温的三伏天又要适度遮阴，一般每天的12时至16时要避免烈日暴晒，又要避免砖墙或水泥地面的高温辐射。

　　2.土壤：喜疏松、肥沃、排水良好的沙质土壤。配制培养土可用腐叶土、泥炭土各4份，加2份沙和少量基肥。

　　3.浇水：玉兰是肉质根，既需水又怕积水。因而，在初夏到晚秋之季每天要浇一次水，保持土壤湿润，但在炎热的"三伏天"，早晚要各浇一次水，并在叶片和花盆地上喷水，增大空气湿度。

　　4.施肥：玉兰喜肥，除在上盆时施足底肥以外，还要在5～10月每5～7天施1次以磷钾为主的有机液肥，如腐熟的饼肥水。

　　5.修剪：花后要及时除去残花，疏剪过密及徒长枝。生长季节也要注意剪去枯枝、病虫害叶片和黄叶，但剪叶时要留下叶柄，以保护腋芽。

　　6.病虫害防治：主要病害是炭疽病。发现病害要及时清除病株病叶，同时向叶片喷施50%的多菌灵500～800倍液的水溶液，或用70%的托布津800～1000倍的溶液进行防治。常见虫害是蚜虫。蚜虫为害嫩芽和花蕾，可采用500倍溶液的洗衣粉喷灭，还可以用棉签蘸洗衣粉溶液去粘除害虫，过后再用清水喷洗枝叶。

美人蕉

别名：红艳蕉

形态特征 美人蕉是多年生球根草本花卉，地下根茎横卧生长，肉质肥大，富含淀粉，多分枝，有明显的节，节上侧芽萌发能力强，茎叶绿色，叶长椭圆形，叶色翠绿，叶脉清晰；花序小而稀疏，总状花序自茎顶抽出，花瓣直伸，花色丰富。

习性

喜温暖湿润、阳光充足环境，畏强风和霜害，对氯气及二氧化硫有一定抗性。

种植技巧

1.栽培：宜栽植于阳光充足的环境，生长适温为25～30℃。

2.土壤：几乎不择土壤，但在富含有机质的深厚土壤中生长更好，要求土壤排水良好，怕积水。可用泥炭土或腐叶土1份、园土1份、沙1份配成，并加入适量的厩肥、过磷酸钙及复合肥。

3.浇水：冬天休眠期，只要不太过干燥则不用浇水，生长期保持土壤湿润，不能太干，也不能积水。夏天高温每天可向叶面喷水1～2次。

4.施肥：生长季节施2～3次肥，最好施氮磷钾混合肥料。

5.修剪：只需摘除残花、枯枝、枯叶。

6.病虫害防治：常见的虫害为卷叶虫，可用50%敌敌畏800倍液或50%杀暝松乳油1000倍液喷洒防治。地栽美人蕉偶有地老虎发生，可进行人工捕捉，或用敌百虫600～800倍液对根部土壤灌注防治。

白兰花

别名： 白玉米、缅桂、黄果兰

形态特征 白兰花树皮灰色，嫩枝及芽密被淡黄白色微柔毛，老时毛渐脱落。叶薄革质，长椭圆形或披针状椭圆形。花白色，极香；花被片10片，披针形。花期4~9月，夏季盛开，通常不结实。

习性

喜阳耐半阴，喜湿润，耐干旱，怕涝，喜温暖较耐寒，不耐瘠薄。

种植技巧

1.栽培：春4~5月、秋9~10月带土球栽培，以春季为宜。

2.土壤：要求富含腐殖质、疏松肥沃、排水良好的酸性沙质培养土，盆土可用等量的粗沙、河沙、腐叶土混合配制。一般2年换盆一次。

3.浇水：见干见湿，浇透水，冬季土壤表面干燥时浇水，盛夏早晚淋透淋足。12月至翌年2月，每15~20天清除叶面浮尘1次。雨季防止盆土积水。

4.施肥：换盆时施腐熟有机肥作基肥，生长期每30天左右，施完全肥1次，每次施三、七肥水。

5.修剪：白兰花萌芽力较差，一般不对营养枝进行修剪，但一定要剪掉枯死枝和病虫枝剪。孕蕾期适当摘除一些叶片利于花蕾形成，可使花蕾大，花期长。

6.病虫害防治：病害主要有黄化病、炭疽病等，黄化病主要是因土壤偏碱引发，可更换盆土，或用0.2%的硫酸亚铁水溶液喷洒叶面，也可在土壤中施加5%左右的硫酸亚铁水溶液。炭疽病发病时，可用50%多菌灵或托布津可湿性粉剂500倍液喷洒。虫害主要有红蜘蛛、介壳虫等，前者可用50%辛硫磷1000倍液喷洒，后者可以人工捕捉清除。

沙漠玫瑰

别名： 天宝花、小夹竹桃

形态特征 沙漠玫瑰为多年生落叶肉质小乔木。植株高100～200厘米，茎粗壮、肥厚、光滑、绿色至灰白色；主根肥厚、多汁、白色；全株具有透明乳汁。单叶互生，倒卵形，顶端急尖，革质，有光泽，腹面深绿色，背面灰绿色，全缘。总状花序，顶生，着花10余朵，喇叭状，花有玫红、粉红、白色及复色等。角果一对。花期4～11月，果于花后3个月成熟。

习性

沙漠玫瑰主要分布于热带非洲沙漠干旱地区，喜高温、干旱、阳光充足的气候环境。

种植技巧

1.栽培：生长适温25℃～30℃，在温度低于10℃时，开始落叶，并进入半休眠状态。沙漠玫瑰一般不需要遮光，可置于光照充足的地方养护，但南方夏季光照强烈，如果要叶片保持青翠，可适当遮阴。

2.土壤：培养土可用泥炭土、腐叶土、砻糠灰、河沙加少量腐熟骨粉配制，小苗三至四片真叶时即可上盆。

3.浇水：沙漠玫瑰喜欢较干燥的环境，耐干旱但不耐水湿，因此浇水不可过多，如果长期保持水湿，则枝条易徒长，并可能引起根腐病。

4.施肥：一般花期停止施肥，但沙漠玫瑰花期较长，消耗养分较多，可适当补充一些速效性肥料，生长旺盛时期每15～20天施肥1次。

5.修剪：如果不注意平时的修剪，任其徒长，很容易就失去了观赏价值。可以在花期过后，打顶剪枝以利来年分枝定型。

6.病虫害防治：常见病害叶斑病，可用50%托布津可湿性粉剂500倍液喷洒。常见虫害介壳虫和卷心虫危害，用50%杀螟松乳油1000倍液喷杀。

别名： 珠兰、米仔兰、树兰、鱼仔兰

米兰

形态特征 米兰是楝树科常绿小乔木，米兰分枝多而密，基部楔形，叶柄长出对生叶片，叶片椭圆形，两面无毛，全缘，叶脉明显，圆锥花序腋生，新梢开花，花小似粟米，金黄色，倒卵形至长椭圆形，花黄色，气味清香。

习性

米兰喜温暖湿润和阳光充足环境，不耐寒，稍耐阴。

种植技巧

1.栽培：米兰虽具有较强的耐阴性，但不耐长荫蔽，尤其是盆栽米兰盛花时，不能长期置于室内。在开花时，可于16时后移至室外，上午9时前移入室内光照良好处，为抽生新枝和新花穗积累营养。冬季移置室内时，也应使其尽可能多地接受光照。

2.土壤：喜酸性土，土壤以疏松、肥沃的微酸性土壤为最好，盆栽宜选用以腐叶土为主的培养土。

3.浇水：生长期浇水要适量，若浇水过多，易导致烂根，叶片黄枯脱落；开花期浇水太多，易引起落花凋零，浇水过少，又会造成叶子边缘干枯、枯蕾。

4.施肥：春季开始生长后就应及时追肥，追肥以腐熟的饼肥或麻酱渣水为好，忌施浓肥。追肥宜7～10天施1次，在肥水中亦应增加适量的过磷酸钙。

5.修剪：从小苗开始就要进行整形，保留15～20厘米高的一段主干，不要让主枝从地面丛生而出。为节省养分，通风透光，花后要进行修剪，剪去徒长枝、重叠枝、细弱病虫枝。

6.病虫害防治：米兰受白粉病、叶斑病、炭疽病、红蜘蛛、介壳虫、蚜虫、锈壁虱等病虫为害相当严重，枝叶会黄化枯死，可每15～20天叶面喷洒1次25～30倍干燥纯净的草木灰与过磷酸钙混合浸出的澄清液，或0.1%石灰水澄清液等进行无公害防治。

广东万年青

别名： 亮丝草

形态特征 万年青为假叶树科多年生常绿草本植物，叶片宽阔光亮，叶色翠绿，高雅秀丽，特别耐阴，翠绿欲滴，四季常青。万年青根状茎粗短，主茎有节，叶自根状茎上长出，叶质厚，叶片宽大呈椭圆形，叶片纹路清晰。

习性

喜温暖湿润环境和微酸性土壤，耐阴、怕强光直射，不耐寒。

种植技巧

1.栽培：忌干燥，怕强光直晒。生长适温为20～28℃，冬季室温保持5℃以上就能安全越冬。

2.土壤：喜疏松肥沃的土壤，黏重的土壤容易引起烂根、黄叶。盆土宜用腐叶土、园土、山泥等有机质含量较高、质地疏松的土壤加入适量的细河沙混合配制而成。

3.浇水：生长期供水需充足，盛夏每天早晚应向叶面喷水，冬季茎叶生长减慢，应控制水分，盆土不宜过湿。

4.施肥：对肥水要求多，但最怕乱施肥、施浓肥和偏施氮、磷、钾肥，要求遵循"淡肥勤施、量少次多、营养齐全"的施肥原则。生长旺盛期每半月施肥1次。冬季搬进室内如叶片泛黄，加施1次稀释的氮肥。

5.修剪：仅需摘除枯叶和剪除病叶。

6.病虫害防治：常见病害为叶斑病，处及时清除病残叶片，还可用0.5%~1%的波尔多液(或50%多菌灵1000倍液)喷洒；炭疽病时加强养护、增施磷、钾肥，同时可用70%托布津1500倍液喷洒。常见虫害为褐软蚧，可喷洒5%亚胺硫磷乳油1000倍液杀除。

紫薇

别名： 百日红、痒痒树、满堂红

形态特征 紫薇属千屈菜科落叶灌木或小乔木，树干光滑，多分枝，叶对生，叶片卵形，为圆锥花序，边缘有不规则缺刻，基部有长爪，花开满树，艳丽如霞，故又称"满堂红"。

习性

喜温暖耐寒冷，极耐高温和暴晒，萌蘖力强，抗污染力强，怕涝。

种植技巧

1.栽培：移栽以3～4月为宜，最好能带土球。

2.土壤：以疏松、肥沃的石灰性土壤为宜，培养土可用疏松的山土5份、园土3份、细河沙2份混合配制而成。每隔2～3年更换一次盆土。

3.浇水：见干见湿，浇透水，盛夏早晚淋透淋足，冬季保持土壤湿润。雨季防止积水。

4.施肥：换盆时可用骨粉、豆饼粉等有机肥作基肥，但不能使肥料直接与根系接触，以免伤及根系。冬季重施腐熟有机肥，四、六肥水1次，4～6月薄施多次，每15～20天1次，开花停肥。

5.修剪：紫薇是嫩枝开花，冬季12月至翌年2月整形修剪，4月上旬，嫩枝留强去弱进行疏枝。第1次盛花后（即7月下旬），将嫩枝和开花枝剪去1/2，剪后施肥1次，可促使15～20天又是旺盛的盛花期。

6.病虫害防治：常发生白粉病，可用70%甲基托布津可湿性粉剂800倍液喷洒。虫害有蚜虫和介壳虫害，及时喷洒40%氧化乐果乳油1500倍液。夏季有蓑蛾危害，用90%敌百虫原药1000倍液喷杀。

瓜叶菊

别名： 千叶莲、千日莲

形态特征 瓜叶菊是多年生草本植物。茎粗大，叶肾形至宽心形，边缘有波状或多角状齿。花为头状花序簇生成伞状，有各种颜色和斑纹；花有紫红、桃红、粉、藕、紫、蓝、白等色。花期为12月至次年5月。

习性

瓜叶菊原产于大西洋的加那利群岛，性喜冷凉的气候，不耐热。

种植技巧

1.栽培：生长适温15℃～20℃，稍耐寒，不耐旱。在生长期内喜阳光，不宜遮阴。留种植株在炎热的中午前后要适度遮阴，否则结实不良。花朵萎谢后植株仍需适度光照，以适应种子发育。

2.土壤：对土壤要求不严，种植土壤可选用疏松、富含腐殖质的沙壤土，盆栽可选用腐叶土、泥炭栽培。

3.浇水：瓜叶菊叶片较大，蒸腾作用强，夏季极易失水导致植株萎蔫，所以要注意及时洒水、补水，可以一天两浇。

4.施肥：一般约2星期施一次液肥。在现蕾期施1～2次磷、钾肥，而少施或不施氮肥。开花前不宜过多施用氮肥，控制浇水量。在四层叶片时，要控制水肥。

5.修剪：一般只需要及时摘除残花败叶即可。

6.病虫害防治：常见病害为白粉病，可以保证充足光照，及时通风预防，发病可用25%粉锈宁可湿性粉剂2000倍液进行喷治，控制病情。常见虫害红蜘蛛，未现花蕾时可用40%三氯杀螨醇乳剂2000倍液或者40%氧化乐果1000倍液每7天喷一次，共喷2、3次；现花蕾后可用一些天然植物如大蒜、大葱、花椒等捣烂水泡数天的浸出液配合适量中性洗衣粉进行喷治。

别名： 越桃、水横枝、玉荷花、白蟾花、禅客花、碗栀

栀子花

形态特征 栀子花为茜草科常绿灌木，栀子多分枝，枝叶浓密，叶对生，又似樗蒲子，叶片长椭圆形或倒卵状披针形，叶色翠绿，叶脉纹路清晰，花冠圆筒状，花腋生，花多为白色，果实卵状至长椭圆状。

习性

喜温暖湿气候，喜疏阴，萌蘖力强，耐修剪，怕粉尘污染。

种植技巧

1.栽培：春、秋季带土球栽培，以秋季为宜。7~8月连晴高温，11:00~17:00要遮阴隔热。

2.土壤：适宜生长在疏松、肥沃、排水良好、轻黏性酸性土壤中。培养土应用微酸的沙壤红土七成，腐叶质三成混合而成。

3.浇水：栀子花喜空气湿润，生长期要适量增加浇水次数。通常盆土发白即可浇水，一次浇透。夏季燥热，每天需向叶面喷雾2、3次，以增加空气湿度，帮助植株降温。但花现蕾后，浇水不宜过多，以免造成落蕾。冬季以偏干为好，防止水大烂根。

4.施肥：换盆时施有机基肥，3~4月重施腐熟有机肥，三、七肥水3、4次，花后去掉残花，施磷钾肥2、3次，促使秋花开放。7~8月薄施多次，每20天左右1次。

5.修剪：每年5月份和7月份各修剪枝叶一次，剪去顶梢，目的是促进分枝，有利于形成树冠。花谢后应摘去，以保持植株养分，这样来年开花会更多、更好。

6.病虫害防治：常发生叶斑病和黄化病，叶斑病用65%代森锌可湿性粉剂600倍液喷洒，定期在浇花的水中施加0.1%硫酸亚铁溶液防治黄化病。常见虫害有蚜虫、跳甲虫和天蛾幼虫，前两种可用乐果、敌百虫喷杀，后一种可用666粉防治或人工捕捉。

花叶良姜

别名： 花叶艳山姜、花叶姜、彩叶姜、斑纹月桃

形态特征 花叶良姜盆栽高度多在1米以下，具根茎。革质叶片具鞘，长椭圆形，两端渐尖，叶面深绿色，有金黄色富有光泽的纵斑纹。夏季6～7月开花，圆锥形花序，花序下垂，花蕾包藏于总苞片中，花白色，边缘黄色，顶端红色，唇瓣广展，花萼近钟形，花冠白色，花期为夏季。

习性

喜高温多湿环境，不耐寒，怕霜雪，喜阳光，又耐半阴。

种植技巧

1.栽培：生长适温为15～30℃，越冬温度为5℃左右。冬季需温暖避风，喜明亮的光照，但忌全天强光直射。

2.土壤：栽培土壤可用壤土、泥炭土、腐叶土等量混合，并加入一些河沙和木炭粉。

3.浇水：花叶良姜是大叶植物，蒸腾量大，在生长期间必须充分浇水。盆土保持湿润，夏秋季经常给叶面喷水。

4.施肥：生长期每月施肥1次，以磷钾肥为主。

5.修剪：盆栽每隔1～2年换盆1次，剪除叶色暗淡和过高茎叶，重新栽植修整。栽培3～4年后应重新挖出地下根茎，去除老粗茎，重新栽植更新。

6.病虫害防治：虫害主要是蜗牛，可用80%的敌敌畏1000倍液喷杀，还可以进行人工捕捉或用灭螺力诱杀。病害主要有叶枯病和褐斑病，叶枯病发病初期，每隔7～10天可用0.5%的波尔多液喷施1次。发生褐斑病时可用70%的甲基托布津可湿性粉剂800～1000倍液喷施防治。

紫藤

别名： 藤萝、朱藤

形态特征 紫藤是一种豆科落叶攀援缠绕性大藤本植物，紫藤主根深，支根少，在主蔓基部发生缠绕性长枝，具有混合花芽，先长枝叶，复叶羽状互生，卵状椭圆形，叶表无毛或稍有毛，叶背具疏毛或近无毛，小叶柄被疏毛；花为总状花序，在枝端或叶腋顶生，荚果扁圆、条形。

习性

喜光照充足，也耐半阴环境。不耐水渍，耐寒，有一定的抗旱能力。对二氧化硫、氯气和氟化氢有较强的抗性。寿命较长。

种植技巧

1.栽培：紫藤生长季节要有充足的强光照射。因其为攀缘灌木，故在栽植前应设置坚固耐久的棚架，栽后将粗大枝条绑缚架上，使其沿架攀缘。

2.土壤：紫藤主根长，所以种植的地方需要土层深厚。紫藤耐贫瘠，但肥沃的土壤更有利生长。紫藤对土壤的酸碱度适应性也强。应选择土层深厚、土壤肥沃且排水良好的干燥处，过度潮湿易烂根。

3.浇水：有较强的耐旱能力，但是喜欢湿润的土壤，但不能让根泡在水里，否则会烂根。应遵循见干见湿原则。

4.施肥：萌芽前可施氮肥、过磷酸钙等。生长期间追肥2~3次，用腐熟人粪尿即可。

5.修剪：修剪时间宜在休眠期，修剪时可通过去密留稀和人工牵引使枝条分布均匀。紫藤发枝能力强，生长枝顶端容易干枯，因此要对当年生的新枝进行回缩，剪去1/3~1/2，并将细弱枝、枯枝从分枝基部剪除。

6.病虫害防治：常见病害叶斑病，可喷洒1%的波尔多液4~5次，隔7天1次，以控制危害。也可采用50%的多菌灵1000倍液防治。常见虫害介壳虫，可用40%的氧化乐果乳剂1000倍液喷雾灭杀或50%马拉松乳油2000倍液喷杀。

鸡冠花

别名： 红鸡冠、鸡公花、鸡冠头

形态特征 鸡冠花为一年生草本植物，株高60~90厘米，全株无毛。茎直立，粗壮。单叶互生，长椭圆形至卵状披针形，先端渐尖，全缘。肉质穗状花序顶生或腋生，呈扁平鸡冠状，花被膜质。花色深红，也有黄、白及复色变种。花果期7~9月。

习性

喜炎热、干燥和阳光充足的环境，不耐寒、忌涝。

种植技巧

1. 栽培：鸡冠花适生温度为20~30℃，适宜栽植于光照长而充足的环境。

2. 土壤：选用肥沃、排水良好的沙质壤土，或用腐叶土、园土、沙土以1:4:2的比例配制的培养土。

3. 浇水：种植后浇透水，以后适当浇水，浇水时尽量不要让下部的叶片沾上污泥。

4. 施肥：幼苗定植后不宜过多施肥，避免徒长。花蕾形成后应每隔10天施1次稀薄的复合液肥。

5. 修剪：要使顶部花序生长壮大，应及时除去侧芽。

6. 病虫害防治：鸡冠花的病害主要为立枯病，6~7月是病害的盛发期。防治方法是盆栽时使用无菌新土，庭院栽培应进行土壤消毒并且不能连作，发现个别病株及时拔除销毁。播前每平方米用40%甲醛50毫升加水12000毫升，覆盖熏蒸消毒土壤。或用70%五氯硝基苯粉剂和细土以1:30的比例拌匀后撒于苗床上，幼苗出土20天内，严格控制浇水。发病初期，用50%的代森铵300至500倍液或70%甲基托布津8000倍液喷洒，可灭菌保苗。生长期间易受蚜虫及红蜘蛛危害，可用40%乐果1500倍液喷洒防治。

别名： 抹厉

茉莉

形态特征 茉莉花是木樨科常绿小灌木或藤本状灌木，茉莉花的株植多分枝，单叶对生，叶片宽卵形或椭圆形，叶脉清晰，叶面微皱，叶柄短而向上弯曲，有短柔毛，顶生聚伞花序，花冠白色，也有紫色，花期较长，满枝洁白，芬芳美丽，清香四溢，清雅宜人。花期6~10月。

习性

好肥，喜湿怕涝，不耐霜冻，萌蘖力强，耐修剪。

种植技巧

1.栽培：春、秋季带土球栽培，以春季为宜。7~8月连晴高温，11:00~17:00要遮阴隔热，其他时间不宜遮阳。冬季要移至室内防寒。

2.土壤：要求肥沃而排水良好的酸性至中性土壤。2~3年换盆1次。

3.浇水：见干见湿，浇透水。夏季炎热晴天每天要浇水两次，早晚各一次，冬季保持土壤湿润。防止积水，多雨季节要及时倾倒盆内积水。

4.施肥：换盆时施有机基肥，3~4月重施腐熟有机肥，四、六肥水2~3次，花后去掉残花施磷钾肥。7~8月每15~20天1次薄施。

5.修剪：茉莉夏天生长很快，要及时修剪，盆栽茉莉修剪保留基部10厘米至15厘米，如新梢长势很旺，应在生长10厘米时摘心。花凋谢后应及时把花枝剪去。

6.病虫害防治：常见的病害有白绢病、褐斑病，用65%代森锌可湿性粉剂800倍液喷洒。虫害主要是介壳虫，在发现虫子的初期就用废牙刷刷除，一方面要细致刷尽，另一方面就是把刷下的虫子集中杀灭，防止再发，也可以在见虫初期用40%的氧化乐果或敌敌畏乳稀释到1000倍到1500倍喷洒植株，尤其是较隐蔽的部位都要喷到。

文殊兰

别名： 白花石蒜、十八学士

形态特征 文殊兰是石蒜科多年生球根草本花卉。它的叶片宽大肥厚，常年浓绿，叶片主脉纹路清晰，前端尖锐，好似一柄绿剑，所以它又被称作秦琼剑；花茎粗壮而挺立，全株花茎高出叶片，花序顶生，呈伞形聚生于花葶顶端，花瓣中间深红，两侧粉红，盛开时向四周舒展。

习性

喜温暖，不耐寒，稍耐阴，喜潮湿，忌涝，耐盐碱。

种植技巧

1.栽培：9月上旬或10月下旬当气温降至8℃时，将盆花移入室内，放在温度为10℃左右的干燥处，不需浇水，终止施肥。温度保持在8~10℃之间即可越冬。

2.土壤：栽培基质以排水良好、湿润、肥沃壤土为佳，盆栽时一般可用腐叶土、泥炭土加1/4河沙和少量基肥作为基质。

3.浇水：生长期和花期要求充足的水分，要见干见湿。夏季要充分浇水，越冬期间减少浇水，保持土壤稍湿润即可。

4.施肥：每隔7天至10天施一次油饼渣加黑矾（硫酸亚铁）沤制的肥水，其浓度应先淡后浓，入冬停施。

5.修剪：文殊兰在生长旺盛期经常从根茎周围生出蘖芽，为保证株形直立、根茎整齐、全株正常生长，应及时抹去蘖芽。

6.病虫害防治：常见病害叶斑病，可用65%多克菌可湿粉800倍液，或40%多丰农可湿粉600倍液，视天气7~15天喷一次，连喷数次。易受褐斑病危害叶和茎，用75%百菌清可湿性粉剂700~1000倍液喷洒。常见虫害介壳虫，可用40%氧化乐果乳油1500倍液喷洒防治。

别名： 铁海棠、麒麟花、麒麟刺、化骨龙

虎刺梅

形态特征 虎刺梅为大戟科多刺直立或稍攀援性小灌木，多分枝，体内有白色浆汁，茎和小枝有棱，棱沟浅，密被锥形尖刺，叶片密集着生新枝顶端，叶片卵形，叶面光滑，鲜绿色，花有长柄，花色美艳。

习性

喜温暖，不耐寒，喜充足的阳光，耐瘠薄和干旱，怕水渍。

种植技巧

1.栽培：白昼22℃左右，夜间15℃左右生长最好，在温室保持15～20℃，可终年开花不绝，如下降至10℃则落叶转入半休眠状态，至翌春吐露新叶，继续开花。

2.土壤：对土壤要求不严，但以肥沃的沙质土壤为佳。

3.浇水：虎刺梅耐干旱但不喜干旱，所以浇水以干湿交替为宜，长期干旱或渍涝皆会引起生长不良。干旱时，枝条易萎缩；渍涝时，根系易腐烂，导致全株生长衰退，甚至死亡。夏季的蒸腾量大，需要勤浇水，避免干旱过度；冬季温度低时，要节制浇水的次数，防止根系腐烂。

4.施肥：在生长季节每月结合浇水施1次多元复合肥料，能保证其正常生长。夏季高温及冬季低温条件下，最好暂停施肥，否则会产生肥害。

5.修剪：虎刺梅枝条不易分枝，会长得很长，开花少，姿态凌乱，影响观赏，故每年3～4月必须及时修剪，使多发新枝，多开花，一般枝条在剪口后，可生出两个新枝。

6.病虫害防治：主要发生茎枯病和腐烂病危害，用50%克菌丹800倍液，每半月喷洒1次。虫害有粉虱和介壳虫危害，用50%杀螟松乳油1500倍液或用40%的氧化乐果乳油1000倍液喷杀。

凤仙花

别名： 指甲花、急性子、小桃红、金凤花

形态特征 凤仙花为一年生草本花卉，凤仙花为肉质茎，枝叶浓密，叶互生，阔或狭披针形，顶端渐尖，边缘有锐齿，基部楔形；花期为6～8月，花色有粉红、大红、紫、白黄、洒金等，有的品种同一株上能开数种颜色的花朵。

习性

喜阳光，怕湿，耐热不耐寒，耐瘠薄；适应性较强，移植易成活，生长迅速。

种植技巧

1.栽培：尽管其喜暖热、好光照，对土壤适应性很强，地不择干湿、移栽不论时序，但其对夏季高温和土壤干燥、空气湿度过低等不良环境会产生比较大的负面反应，甚至会出现叶片卷缩、枯尖、落叶以至植株死亡等情况。

2.土壤：应选择疏松、肥沃、深厚、通透良好的土壤，忌积水、久湿和通风不良的培养土。

3.浇水：重视水分管理，宜早晨浇透水，晚上若盆土发干，再适量补充水，并适当给予叶面和环境喷水，忌过干和过湿。

4.施肥：播种10天后开始施液肥，以每隔一周施1次。

5.修剪：定植后，对植株主茎要进行打顶，增强其分枝能力；基部开花随时摘去，这样会促使各枝顶部陆续开花。

6.病虫害防治：一般很少有病虫害。如果气温高、湿度大，出现白粉病，可用50%硫菌灵可湿性粉800倍液喷洒防治。如发生叶斑病，可用50%多菌灵可湿性粉500倍液防治。凤仙花主要虫害是红天蛾，其幼虫会啃食凤仙叶片。如发现有此虫害，可人工捕捉灭除。

别名： 榕树、小叶榕

细叶榕

形态特征 拥有广阔而浓密的树冠，多分枝，更有无数纤幼成流苏状的气根从枝条垂下。当气根碰触到泥土表面，便会形成新树干。树皮呈深啡色。叶互生，单叶，呈椭圆形；叶端突然收窄至一短尖端，基部渐尖削，边全缘；叶质光滑，质感厚而紧密，叶脉并不显著。花单性，全年不断开花。

习性

喜温暖湿润的气候，喜阳光，较耐阴，耐高温，极耐干旱，怕霜冻，萌蘖力强，耐粉尘。

种植技巧

1.栽培：除7~8月盛夏不宜栽培外，其他时间都可栽培，以3~5月为宜。

2.土壤：对土壤适应性强，可用沙质土壤混合煤炭渣作为培养土，无条件的一般土壤也可。3~4年换盆一次。

3.浇水：土壤干燥时浇透水，盛夏早晚淋透淋足，炎热季节要经常向叶面或周围环境喷水以降温和增加空气湿度。

4.施肥：细叶榕不喜肥，每月施10余粒复合肥即可，施肥时注意沿花盆边将肥埋入土中，施肥后立即浇水。

5.修剪：萌发力较强，修剪可常年进行，一般在春初疏剪，剪除不需要的交叉枝、重叠枝、对生枝以及枯枝、病枝等。平时可随时剪去徒长枝，以保持树形美观。

6.病虫害防治：常见虫害灰白蚕蛾，可在其化蛹越冬期间，结合榕树修剪，清除虫源，修剪的枝叶应及时焚烧；幼虫孵化盛期，用80%敌敌畏乳剂1000倍液、90%敌百虫800倍液喷雾毒杀，均有很好的效果。

太阳花

别名： 半支莲、松叶牡丹、大花马齿苋、犊牛儿苗

形态特征 太阳花为马齿苋科多年生草本。茎平卧或斜升，多分枝，节上丛生毛，叶密集枝端，较下面的叶分开，不规则互生，叶片细圆柱形，有时微弯，叶柄极短或近无柄；花单生或数朵簇生枝端，有红色、紫色或黄白色花朵；雄蕊多数，花丝紫色，基部合生，蒴果近椭圆形。见阳光花开，早、晚、阴天闭合，故有太阳花、午时花之名。花期5～11月，岭南地区全年绽放。

习性

性喜欢温暖、阳光充足的环境，阴暗潮湿之处生长不良。

种植技巧

1.栽培：5月初至8月底均可剪取5cm左右的嫩茎顶端进行扦插繁殖，15℃条件下约40~45天即可开花。入冬后移至室内，让盆土偏干一点，就能安全越冬。次年清明后，可将花盆置于窗外，如遇寒流来袭，还需入窗内养护。直到夏天可于窗台、阳台露天种植。

2.土壤：极耐瘠薄，一般土壤都能适应，对疏松，排水、透气良好，有肥效的沙质土壤特别钟爱。

3.浇水：太阳花在培育期间，需要保持盆土充分湿润，但生长期则不必经常浇水，可以保持土表湿润为度。

4.施肥：保持一定湿度，半月施一次千分之一的磷酸二氢钾，就能达到花大色艳、花开不断的目的。

5.修剪：不用刻意修剪，清除败花、黄叶和枯枝即可。

6.病虫害防治：常见虫害为蚜虫，防治蚜虫的关键是在发芽前、即花芽膨大期喷药。此期可用吡虫啉4000~5000倍液。发芽后使用吡虫啉4000~5000倍液并加兑氯氰菊酯2000~3000倍液即可杀灭蚜虫，也可兼治杏仁蜂。坐果后可用蚜灭净1500倍液。

鹅掌柴

别名： 手树、鸭脚木

形态特征 鹅掌柴是常绿灌木或小乔木。枝叶可做插花切叶。分枝多，枝条紧密。掌状复叶、互生，小叶5～8枚，长卵形、革质、全缘、具光泽。圆锥状花序，小花淡绿色或黄褐色。结球形浆果。

习性

温暖、湿润、半阴环境，稍耐瘠薄。

种植技巧

1.栽培：生长适温15～25℃，冬季最低温度不应低于5℃，否则会造成叶片脱落。忌夏季日光直射，有一定的耐阴力。

2.土壤：宜种于土质深厚、肥沃的酸性土中。盆土可用泥炭土、腐叶土、珍珠岩加少量基肥配制。

3.浇水：注意盆土不能缺水，否则会引起叶片大量脱落。生长季要经常保持盆土湿润，但不能积水，盛夏高温应每天向叶面喷水，冬季低温条件下应适当控水，以利过冬。

4.施肥： 3~9月为生长旺季，每半月施用一些复合肥或饼肥水。斑叶种类要少施氮肥，防止斑块颜色变淡或消失。

5.修剪：鹅掌柴易萌发徒长枝，应注意整形和修剪。每2年的春季新芽萌发之前应换盆1次，去掉部分旧土，用新土盆栽。老株过于庞大时，可结合换盆进行重修剪，去掉大部分枝条，同时，也需将根部切去一部分，重新盆栽，使新叶萌发。

6.病虫害防治：空气过于干燥时，可被螨类危害，应注意及时刮除，并可喷洒40%的氧化乐果乳剂800～1000倍液防治。常见病害有叶斑病和炭疽病，可用10%抗菌剂401醋酸溶液1000倍液喷洒。常见虫害为介壳虫，可用40%氧化乐果乳油1000倍液喷杀。

观赏凤梨

别名：咪头、圆锥果子蔓、菠萝花

形态特征 为凤梨科多年生草本植物，它的植株草茎丛生，株型秀美，四季常青，叶片弯曲深长，叶色多样，叶片从主茎生长，并向四处散开，成莲台状分布。

习性

喜高温、多湿、半阴的环境，不耐寒。

种植技巧

1.栽培：生长适温为22～25℃，冬季低于15℃即停止生长，喜阳光，但强光时需遮阴。

2.土壤：要求基质疏松、透气、排水良好，pH呈酸性或微酸性。培养土可用3份草炭加1份沙加1份珍珠岩。

3.浇水：夏秋生长旺季1～3天淋水1次，每天叶面喷雾1～2次。冬季应少喷水，保持盆土潮润，叶面干燥。

4.施肥：观赏凤梨对磷肥较敏感，施肥时应以氮肥和钾肥为主，氮、磷、钾比例以10:5:20为宜，浓度为0.1%～0.2%，生长旺季1到2周喷1次，冬季3到4周喷1次。

5.修剪：春天剪枝促分枝，花后修剪保持美观。

6.病虫害防治：病害有心腐病和根腐病，可用75%的恶霜锰锌400倍液。虫害：介壳虫类，可用40%的氧化乐果乳油1000倍液喷杀，少量介壳虫也可人工用指甲刮除；红蜘蛛，可用三氯杀螨醇来防治。常见螨类虫害，可选用2%阿维菌素乳油3000～4000倍液喷雾进行喷杀。对蓟马、粉虱、蚜虫等虫害的防治，可选用3%虏蚜2000倍液+2%丁硫克百威(乐无虫)8000倍液均匀喷雾。

蒲葵

别名： 葵树、扇叶葵、葵竹、铁力木

形态特征 常绿乔木，基部常膨大。叶阔肾状扇形，掌状深裂至中部，裂片线状披针形，顶部长渐尖，两面绿色；叶柄长。花序呈圆锥状，总梗上佛焰苞，每分枝花序基部有1个佛焰苞。花小，两性，花萼裂至近基部成3个宽三角形近急尖的裂片，裂片有宽的干膜质的边缘。果实椭圆形，如橄榄状。花果期4月。

习性

喜高温、多湿的热带气候，怕积水，好阳光，亦能耐阴，但忌烈日。

种植技巧

1.栽培：栽植时应多带宿根土，最好不用裸根苗。夏季要放在荫棚下或半阴处，经烈日暴晒会引起焦叶。冬季不需加温就能安全越冬。

2.土壤：喜富含腐殖质、保水力强的黏性土壤。盆栽用腐殖培养土，2~3年换盆换土一次。

3.浇水：生长季节见干见湿，经常保持盆土湿润即可。盛夏酷暑时浇水可进行叶面洒水或地面喷水，以提高空气湿度，使叶片始终保持翠绿。冬天盆土要稍干，过湿则会烂根。

4.施肥：夏、秋生长季节每月施1~2次20%的腐熟饼肥水或人粪尿。冬天不施肥。

5.修剪：及时修剪病虫叶和枯叶，适当剪去部分老叶。

6.病虫害防治：对病虫害抵抗能力强，偶有叶枯病、炭疽病、褐斑病等，可用百菌清或甲基托布津1000~1500倍液喷洒。主要害虫有绿刺蛾、灯蛾，可用40%乐果乳油1500倍液喷洒。

千日红

别名： 圆仔花、名百日红、千日草

形态特征 千日红是苋科一年生直立草本植物，全株被白色硬毛，叶对生，纸质，长圆形，顶端钝或近短尖，基部渐狭；叶柄短或上部叶近无柄；夏秋间开花，花型奇特，圆球状，色彩丰富，苞片和小苞片紫红色、粉红色，乳白色或白色，花后不变硬，花期长过百日，所以又称作"百日红"。

习性

千日红对环境要求不严，但性喜阳光、炎热干燥气候。

种植技巧

1.栽培：春季3月至4月播于露地苗床，播种前要先进行浸种处理，方法是先把种子浸入冷水中一两天，捞出将水挤干，拌以草木灰或细沙，然后搓开种子再播种，在气温20℃至25℃条件下，播后约两周内一般即可出苗。幼苗出2片至3片真叶时移植一次，6月上中旬即可定植。

2.土壤：土壤要求不高，疏松肥沃排水良好的土壤最好。

3.浇水：泥土要保持湿润，并注意遮阴。生长期间要适时浇水，雨季应及时排涝。

4.施肥：施肥不宜多。一般8~10天施一次薄肥，与浇水同对进行，每升水中加入1克肥料，以复合肥料为好。植株进入生长后期可以增加磷和钾的含量。

5.修剪：花谢后进行整枝修剪，仍能萌发新枝，于晚秋再次开花。

6.病虫害防治：常见病害叶斑病，可喷施15%亚胺唑（或称霉能灵）可湿粉2500倍液，或25%腈菌唑乳油8000倍液2~3次，隔15天一次。常见虫害为蚜虫，可用速扑杀800倍液喷杀。

散尾葵

别名： 黄椰子

形态特征 散尾葵为棕榈科丛生常绿灌木或小乔木，茎干光滑，黄绿色，无毛刺，嫩时披蜡粉，上有明显叶痕，呈环纹状，叶鞘圆筒形，叶面滑细长，羽状复叶，叶柄、叶轴、叶鞘均淡黄绿色，开金黄色小花。

习性

性喜温暖湿润、半阴且通风良好的环境，不耐寒，较耐阴，畏烈日。

种植技巧

1.栽培：一般10℃左右可安全越冬，若温度太低，叶片会泛黄，叶尖干枯，并导致根部受损，影响来年的生长。春、夏、秋季应遮阴50%。在室内栽培观赏宜置于较强散射光处，能耐较阴暗环境，但要定期移至室外光线较好处养护。

2.土壤：适宜疏松、排水良好、富含腐殖质的土壤。盆栽可用腐叶土、泥炭土加1/3河沙及部分基肥配制成培养土。

3.浇水：平时保持盆土经常湿润。夏秋高温期，应每天向叶面喷水1~2次，以保持植株周围有较高的空气湿度，但切忌盆土积水，以免引起烂根。

4.施肥：5~10月是其生长旺盛期，必须提供比较充足的水肥条件。一般每1~2周施1次腐熟液肥或复合肥，以促进植株旺盛生长，叶色浓绿，秋冬季可少施肥或不施肥。

5.修剪：只需剪除枯叶、老叶和病虫枝。

6.病虫害防治：常见病害：叶枯病，用70%甲基托布津800液或75%百菌清1000倍液喷洒，间隔7至10天喷施一次，连续喷3至4次，可有效控制病情；炭疽病：加强水肥管理的同时，可喷50%甲基硫菌灵可湿性粉剂800倍液加75%百菌清可湿性粉剂800倍液。

仙客来

别名： 兔耳花、兔子花、萝卜海棠、一品冠

形态特征 仙客来是紫金牛科多年生草本植物，仙客来的块茎扁圆球形或球形、肉质，叶面绿色，具有白色或灰色晕斑，叶柄较长，红褐色；春节期间开花，花朵鲜艳，花瓣向上反卷，犹如兔耳；花有白、粉、玫红、大红、紫红、雪青等色.

习性

喜温暖凉爽、湿润、阳光充足环境，不耐炎热。

种植技巧

1. 栽培：生长适温10～20℃，高于30℃停止生长，宜放置在窗户、阳台等光照充足之处，并经常改变花盆位置。长时间光照不足，易使仙客来叶片发黄。

2. 土壤：要求疏松、肥沃、排水良好的沙质土壤。盆土可用腐叶土2份、肥渣土1份、黄砂1份进行配制。

3. 浇水：浇水要适当控制，水分过多会造成烂根，可待花和叶片轻度萎蔫时再浇，浇水可用盆底浸水方式，不要往叶面上过多地淋水。

4. 施肥：每月施肥2次，可用进口或国产复合肥，每次施5～8粒，置于基质2厘米深处。

5. 修剪：不需过多修剪，只要随时摘除残花、黄叶和枯叶即可。另外，在生长期如果叶子过密，可适当疏掉部分叶片。

6. 病虫害防治：病害：灰霉病，发病期可用70%托布津1000～1500倍液或1%等量式波尔多液每半个月喷洒1次；炭疽病，感染叶片后，应及时剪除病叶并加以销毁，可用60%炭疽福美800～1000倍液或用50%多菌灵可湿性粉剂500～600倍液，每周喷洒1次防治，2～3次可见效。虫害：根结线虫害和孢囊线虫害，可用敌敌畏混剂原液熏蒸土壤，对土壤进行消毒处理，待2周后再播种或移栽，也可在盆中埋入15～50克的3%呋喃丹果粒进行防治。

圆叶福禄桐

别名： 福禄桐、细羽福禄桐、羽叶福禄桐

形态特征 圆叶福禄桐是常绿灌木或小乔木。植株多分枝，茎干灰褐色，密布皮孔。叶互生或三出复叶，叶圆形或圆肾形，基部心形，边缘有细锯齿，薄肉质，叶面绿色。另有花叶、银边品种。

习性

喜温暖、湿润和阳光充足的环境。

种植技巧

1.栽培： 不耐寒，生长适温为20～30℃。可长期放在光线明亮的室内，如果每天能在室内见到数小时的阳光则生长更为旺盛。夏季注意避免室外强烈阳光的直射。

2.土壤：对土壤要求不高，以疏松、肥沃的沙质土壤为佳，并要有良好的排水透气性，可用腐叶土、草炭土加适量河沙及有机肥混合配制。

3.浇水：怕干旱，生长期保持盆土湿润，忌积水，经常用与室温相近的水向植株喷洒，以增加空气湿度。

4.施肥：对肥料要求不高，半个月施肥1次，最好以有机肥及复合肥交替施用，氮肥施用量不宜过高，以免花叶种上的花纹减退，甚至消失。九月以后停止施肥，使其新枝木质成熟，有利越冬。

5.修剪：叶黄时需要及时连细枝摘除，平时不需要修剪。

6.病虫害防治：常见病害为炭疽病，病害发生时要及时清除并销毁病叶，可用75%的百菌清1000倍液与70%的甲基托布津1000倍液等量混合喷洒植株，每隔10天喷一次，连续3～4次即可。常见虫害为介壳虫，可用25%的扑虱灵可湿性粉剂1500倍液， 40%的氧化乐果乳油1000倍液喷洒植株。

葱兰

别名： 葱莲、平帘、白花菖蒲莲、白玉帘

形态特征 葱兰是石蒜科多年生常绿草本植物。地下具小而颈长的有皮鳞茎，直径较小，叶基生，枝干状伫立生长，葱兰的叶子像葱一样的清秀碧绿、亭亭玉立，叶稍肉质，叶质深绿色，花梗短，花葶中空，自叶丛中抽出，花单生，花被6片，花白色，花期7～9月，蒴果近球形。

习性

喜温暖、湿润环境，较耐寒，喜阳光、也较耐阴。

种植技巧

1.栽培：葱兰生长强健，养护管理粗放。葱兰的生长适温为16～28℃，越冬温度不宜低于0℃。栽植2～3年后可挖出分栽，以促进生长繁殖。葱兰喜阳光充足，环境荫蔽所获种球品质较差。保持环境适当通风。

2.土壤：喜疏松、肥沃、通透良好的土壤。可用腐叶土或泥炭土、园土、河沙混匀配制。盆栽用土以壤土2份、腐叶土和泥炭1份加少量细砂混合，并加少量骨粉和腐熟堆肥。

3.浇水：生长期间浇水要充足，宜经常保持盆土湿润，但不能积水。天气干旱还要经常向叶面上喷水，以增加空气湿度，否则叶尖易黄枯。冬季可少浇。

4.施肥：生长季每月施液肥一次，花前追施磷肥一次。

5.修剪：修剪简单，只需及时剪除残花、枯叶、病虫叶即可。

6.病虫害防治：危害葱兰的主要以虫害为主，如葱兰夜蛾。喷施米满1500倍液、乐斯本1500倍液或辛硫膦乳油800倍液，以作防治。选择在早晨或傍晚幼虫出来活动(取食)时喷雾，防治效果比较好。

玉树

别名： 景天树、翡翠木、绿玉莲、燕子掌、玻璃翠

形态特征 玉树是景天科多肉质亚灌木植物。树冠挺拔秀丽，茎叶碧绿，翠绿而有光泽，水分储存能力强，叶片肥厚如钱币，顶生白色花朵，花色十分清雅别致。

习性

喜欢温暖干燥气候，喜欢阳光。不怕旱，怕水怕寒，生命力很强。

种植技巧

1.栽培：生长适温为15～30℃，温度过低需加薄膜保护，否则叶片易受冻害，肉质的叶片和嫩茎开始出现如被开水烫过一样的创伤，继而渐渐变软、干瘪，最后脱落，严重时仅剩光溜溜的主茎。

2.土壤： 盆土要求疏松、肥沃、排水良好。一般选用腐叶土或泥炭土2份，园土2份，粗沙3份，石灰石砾1份，或腐叶土、园土、粗沙各3份，加骨粉、草木灰各1份充分混合的培养土作盆土。

3.浇水： 玉树生长期每2、3天浇1次水，但不能使盆土过湿，更不能积水。夏季炎热时要严格控制浇水，加强通风，否则易引起落叶。冬季要减少浇水，盆土以稍干燥为宜。

4.施肥： 生长期要施追肥，一般每月施2、3次腐熟稀薄的饼液肥。在换土或植前应施足基肥，腐熟的有机肥，如鸡粪、鸽粪、骨粉、粪尿和各种饼肥均可加入培养土内作基肥。

5.修剪：玉树造型一般根据个人喜好，修剪时剪去徒长枝，过于重叠拥挤枝，使植株外部树冠圆满，内部枝条疏密得当。若树龄长，老干粗壮树冠不太圆整的，可修剪或树桩盆景式的，根据造型需要剪去部分枝叶。

6.病虫害防治： 常见病害为叶斑病，可用0.5%～1%的波尔多液(或50%多菌灵1000倍液)喷洒。常见虫害为褐软蚧，一般用竹片等物将虫体刮除即可。

朱顶红

别名： 百枝莲、朱顶兰、孤挺花

形态特征 鳞茎近球形，并有葡匐枝。叶鲜绿色，带形。花茎中空，稍扁，具有白粉。佛焰苞状总苞片披针形。花梗纤细，花被管绿色，圆筒状，花被裂片长圆形，顶端尖。花期夏季。

习性

喜温暖湿润、半阴性的环境。夏季喜凉爽，生长期喜肥。

种植技巧

1.栽培：喜光又怕暴晒，生长期不要强光直射，夏季要在放半阴处最好。每周要转动花盆180度，避免偏冠。

2.土壤：要求富含腐殖质而排水良好的沙质壤土。盆栽可用园土3份、沙土3份和泥炭土4份配制成培养土，或直接用花市上出售的酸性培养土。

3.浇水：栽后浇1次透水，盆土要经常保持潮湿，尤其是空气干燥、水分蒸发快时要保证供水，但盆土要见干见湿，10月份后应减少浇水量，以免枝叶徒长影响越冬。

4.施肥：可用饼肥、骨粉或复合肥，施后要覆一层土。平时10天左右施1次磷、钾肥，少施氮肥。花后还要施1、2次以磷、钾为主的液肥，促进鳞茎生长。冬季休眠要停止施肥。

5.修剪：如果不采种，在6月份花谢后要将花梗剪除。日常管理只需剪除黄叶和枯叶，冬季可剪去地上部分叶片。

6.病虫害防治：叶枯病多在气温高、通风不良、湿度大时发生，可通过改善环境或喷施硫酸亚铁溶液预防，发生后可用50%退菌特1000倍液或70%托布津800倍液喷洒。叶斑病多在秋末冬初发生，可用多菌灵800倍液喷洒防治。红蜘蛛危害一般在夏季发生，可喷洒三氯杀螨醇溶液1200倍液防治。

富贵竹

别名： 仙龙达龙血树、绿叶仙龙血树、万年竹、万寿竹

形态特征 富贵竹是常绿亚灌木植物。植株细长，直立，上部有分枝。叶互生或近对生，纸质，长披针形。伞形花序，花生于叶腋，花冠钟状、紫色。浆果近球形、黑色。常见栽培的有银边富贵竹、黄金富贵竹等。

习性

喜高温、多湿和阳光充足环境，不耐寒。

种植技巧

1.栽培：生长适宜温度为20 ～ 30℃。耐半阴，忌强光直射。

2.土壤：土壤以疏松的沙壤土为佳，富贵竹盆栽可用腐叶土、园土和河沙等混合种植，也可用塘泥栽培。

3.浇水：喜水，生长季节常保持盆土湿润，切勿让盆土干燥，尤其是盛夏及干热的秋季，要常向叶面喷水，以清洁叶面及增加空气湿度，过于干燥会使叶尖、叶片黄枯，冬季盆土不宜太湿，可稍干燥。

4.施肥：土壤以疏松的沙壤土为佳，富贵竹盆栽可用腐叶土、园土和河沙等混合种植，也可用塘泥栽培。

5.修剪：耐修剪，但本身枝叶有限，多剪则有碍美观，且不利于光合作用。

6.病虫害防治：常见病害为炭疽病，可交替喷施75%百菌清+70%甲基托布津可湿粉（1：1）600~800倍液，或50%复方硫菌灵800倍液或50%加瑞农可湿粉600~800倍液，每7天一次，连喷 3~4次。

马蹄莲

别名：水芋、观音莲、慈姑花

形态特征 马蹄莲是天南星科多年生球根花卉，基部为肥大的肉质茎，叶基生，具长柄，叶片宽大，叶卵状箭形，全缘，鲜绿色，花梗着生叶旁，高出叶丛，肉穗花序开张呈马蹄形，所以就被称作马蹄莲。马蹄莲有鲜黄色、白色或粉红色等多种颜色花朵。

习性

喜温暖、湿润、空气湿度大的环境，既不耐寒，也不耐高温。怕日光曝晒，喜疏阴的环境。不耐干旱和盐碱，干燥空气中生长不良。好肥，好水。

种植技巧

1.栽培：置于温暖潮湿、适当荫蔽的环境。若放置于室内，既要保持适宜的温度，又要注意通风。盆直径30~40厘米，每盆栽3~4个块茎。

2.土壤：宜选用富含腐殖质、疏松肥沃、排水畅通的土壤。盆土可用园土4份、堆肥2份、腐殖土3份、沙土1份配成。

3.浇水：从出芽开始就不能缺水，宜每天浇1次水，保持盆土经常湿润，但又不能太潮湿，否则易造成块茎腐烂，休眠期盆土切忌积水。浇水不要使水滴流入叶心内，否则引起软腐病。

4.施肥：每10天左右施1次稀薄饼肥水。施肥时要从盆缘施入，切忌肥液淋入叶柄或叶心内，否则会引起黄叶或腐烂。孕蕾后宜施以磷肥为主的液肥，施肥次日要浇1次清水并及时松土。

5.修剪：随时剪除变黄下垂的老叶，花后要及时剪除抽生的花茎。

6.病虫害防治：虫害不多，每次追肥后7~10天用有机磷杀虫剂和甲基托布津或多菌灵500倍液混合喷两遍即可。主要病害是根腐病，心叶开始黄化时用地菌净300倍液浇灌根部两三次。要把周围未染病的植株一同浇灌，以控制病害蔓延。

别名： 马拉巴栗、瓜栗、中美木棉

发财树

形态特征 发财树是木棉科常绿小乔木，它的株植多样化，经过人工培植，有单杆、多杆，环绕杆、树桩型等不同造型的品种，它的叶片大而苍青，长卵圆形，叶片都有长柄，叶色四季常青。

习性

喜高温和半阴环境，具有抗逆、耐旱特性，耐阴性强。

种植技巧

1.栽培：生长适温为20～30℃，低于5℃时，轻者造成落叶，重者可造成死亡。入夏时应遮阴50%。室内宜置放有一定散射光处。

2.土壤：盆土可用园土6份、腐熟有机肥2份、粗沙2份混合，或泥炭土7份、腐熟有机肥2份、砻糠灰1份混合，或腐叶土8份、煤渣灰2份混合。

3.浇水：保持盆土湿润，不干不浇，避免积水。晴天空气干燥时需适当喷水，以保叶片油绿而有光泽。

4.施肥：室内观赏一般很少施肥，但每1～2个月盆施复合肥1次，每盆6～8克，切忌浓肥。增施磷钾肥可使茎干膨大。每10～15天喷1次绿旺＋植宝素＋0.2%磷酸二氢钾等营养液，可使叶片厚、叶色墨绿。

5.修剪：春季应修剪枝叶1次，促使枝叶更新。

6.病虫害防治：茎腐病发病初期可喷洒50%杀菌王水溶性粉剂1000倍液，隔10天喷1次，连续2、3次。炭疽病可用50%百菌清可湿粉800倍液或50%多菌灵600倍液喷洒防治，每7～10天1次。防治尺蠖、红蜘蛛可定期喷施40%氧化乐果800倍液或50%敌敌畏1000倍液，每7天1次，连喷施2、3次。

大丽花

别名： 大理菊、大丽菊、天竺牡丹、西番莲、地瓜花

形态特征 多年生草本，有巨大棒状块根。茎直立，多分枝，粗壮。叶1~3回羽状全裂，上部叶有时不分裂，裂片卵形或长圆状卵形，下面灰绿色，两面无毛。头状花序大，有长花序梗，常下垂，椭圆状披针形。瘦果长圆形。花期6月~12月，果期9月~10月。

习性

喜阳光充足、通风良好、干燥凉爽的环境。较耐寒，畏酷暑。

种植技巧

1.栽培：盆栽要放在阳光充足处，光照一般应在10小时以上，但炎夏要适当遮阴。

2.土壤：喜富含腐殖质、排水和保水都好的砂壤土。盆栽可用沙质园土6份加腐质土4份混合成培养土，或以5:2:2:1的园土、腐质土、砂和干粪混合成培养土。

3.浇水：上盆或定植后要浇1次透水，生长初期不宜多浇水，生长后期可适当增加浇水量，但不能积水。雨季要控制浇水，防止徒长，应掌握不干不浇，浇则浇透的原则。夏季可在早晚各喷水1次。

4.施肥：要施足基肥，基肥可用饼肥、骨粉或鸡、鸭粪和鱼鳞、鱼刺等。苗期可半月施1次液肥，现蕾后到开花前可一周施1次以磷、钾为主的液肥，花开时或高温季节要停止施肥。

5.修剪：如果培育成独本，应保留顶芽，抹去全部腋芽。如果培育成四本，在苗期就要摘心，保留基部两节，形成4根侧枝，每根侧枝保留一个顶芽即可，其余全部除去。

6.病虫害防治：病害主要有细菌性徒长病、白粉病、叶斑病等，可用甲基托布津或乙磷铝800~1000倍液以及退菌特或多菌灵800倍液喷洒。虫害有蚜虫、红蜘蛛、食心虫等，可人工捕杀或用40%乐果1000~1500倍液喷洒。

别名： 马绿巨人白掌、大叶白掌

绿巨人

形态特征 原产于南美洲哥伦比亚，现在我国大部分地区广泛栽培。多年生常绿草本植物，茎短粗、叶宽大而且厚，宽圆的叶子全身绿色，花像长勺一样。花期4~7月，一般不易结实。

习性

喜温暖、湿润、半荫蔽的气候环境，忌干燥、忌积水。

种植技巧

1.栽培：较耐低温，生长适温为18~25℃。性好半阴生，忌阳光直射。

2.土壤：对土壤无特殊要求，喜富含腐殖质、排水良好的中性或微酸性土壤，盆栽培养土可选用泥炭、腐叶土、园土及河沙等混合配制。

3.浇水：喜湿润的土壤环境，不耐干旱，生长期间应充足供水，保持盆土湿润而不干旱。但忌过湿和积水，水分过多时叶片会弯曲下垂，叶色枯黄，甚至产生烂根，浇水应掌握"间干间湿而偏湿"。夏季需要向叶面喷水，冬季应控制浇水。

4.施肥：喜肥，每10天施肥1次，以氮肥为主，最好与有机肥交替施用，冬季停止施肥。

5.修剪：要及时修剪黄叶和残花。

6.病虫害防治：茎腐病和心腐病对绿巨人危害很大，在施肥过程中，偏施氮肥，或缺乏某种元素，是引起病害发生的重要原因之一。采用2%的甲醛喷雾薰杀，可达到灭菌作用；同时定期使用针对性强的杀菌剂喷施绿巨人茎部，通过综合防治措施，可降低茎腐病和心腐病的发病率。

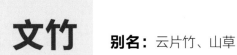

文竹

别名： 云片竹、山草

形态特征 文竹属百合科常绿藤本观叶植物，文竹原产于南非，但它并不是竹，只是株植有节像竹节，同时由于它过于纤秀，枝叶柔软，所以就称它文竹。文竹茎光滑柔细，呈攀缘状，分枝极多。叶小而纤细，水平展开。会开出白色小花和结出紫黑色果实。花期9~10月，果期冬季至翌年春季。

习性

性喜温暖湿润和半阴环境，不耐严寒，不耐干旱，忌阳光直射。

种植技巧

1.栽培：生长适温为15~25℃。栽种环境应温暖、湿润及半阴。不耐干旱及霜冻。需要适当光照，一般放在室内光线充足可见阳光处，千万不要在阳光直射下暴晒。

2.土壤：以富含腐殖质、排水良好的沙质土壤为佳，盆栽营养土可用腐叶土、园土、河沙、厩肥混合配制。

3.浇水：对水分要求严格，盆土过湿，根系易腐烂；长期过干，叶尖易发黄脱落。浇水应掌握"不干不浇，浇则浇透"的原则。天气干燥时，除需保持盆土湿润外，还需向植株及周围土壤或地面洒水降温保湿。

4.施肥：文竹喜肥，在生长季节，10天施肥1次，最好以复合肥及有机肥交替施用为佳。

5.修剪：在新生芽长到2~3厘米时，摘去生长点，可促进茎上再生分枝和叶片，并能控制其不长蔓，使枝叶平出，株形不断丰满。

6.病虫害防治：常见病害叶枯病，可喷洒0.5%的波尔多液，或50%多菌灵可湿性粉剂500~600倍液，或喷洒50%托布津可湿性粉剂1000倍液进行防治。夏季易发生介壳虫、蚜虫等虫害，可用40%氧化乐果1000倍液喷杀。

八角金盘

别名：八金盘、八手、手树

形态特征 八角金盘属五加科亚热带常绿灌木，八角金盘的枝叶十分浓密，基部肥厚，叶柄细长，叶片掌状裂开，形成八个尖角，枝叶层叠翠绿，叶片富有光泽；花期在10～11月，伞形花序，花为淡白色，浆果球形。

习性

喜温暖湿润环境，耐阴性强，也较耐寒；喜湿怕旱。

种植技巧

1.栽培：生长适温为10～25℃，冬季温度不低于-5℃。在半阴处生长良好，忌酷热、阳光直射。如通风不良，叶片易枯黄。

2.土壤：喜疏松、肥沃、通透良好的土壤，盆栽可用腐殖土、泥炭土加1/3细砂和少量基肥配成营养土。

3.浇水：新叶生长期，水量可适当多些，经常保持土壤湿润。植株叶片大，水分蒸发量大，因此盛夏季节盆土宜偏湿些，早晨浇水要充足。空气过于干燥时，还应向植株及周围的地面喷水。其余的生长时间内，浇水应掌握"见干见湿"的原则。冬季应减少浇水次数，提高其抗寒性。

4.施肥：生长季节每隔半月施1次肥料，可用稀薄的腐熟饼肥水或人粪尿。施肥时，盆土宜稍干，以利植株吸收。

5.修剪：只需剪除枯叶、病虫枝。

6.病虫害防治：一般很少有病虫害。有螨类、蚜虫危害时，应及时摘除受害叶片或抹去蚜虫，严重时可用40%的氧化乐果乳剂1500～2000倍液喷雾防治。主要病害烟煤病、叶斑病和黄化病。烟煤病要及时用干净的棉布将煤污擦去，并喷施百菌清等杀菌药进行防治；叶斑病可用甲基托布津或多菌灵等药剂进行防治；黄化病可用硫酸亚铁水进行叶面喷施来防治。

矮牵牛

别名： 碧冬茄

形态特征 牵牛花为茄科多年生草本植物，株植多为匍匐类丛生，主茎多分枝，枝叶浓密，叶卵形，全缘，互生或对生，花单生，漏斗状，花瓣边缘变化大，有平瓣、波状、锯齿状瓣，花色多样。

习性

喜阳光充足、温暖、湿润的气候条件，耐高温，忌荫蔽，忌干旱，忌涝，忌瘠薄。

种植技巧

1.栽培：生长适温为18～28℃。全年可以播种，在20℃时7～10天出苗。春播75～90天开花；光照12小时以上生长健壮，开花良好。在6小时直射光，其余为散射光的阳台上也能较好开花。在38℃环境下仍可开花，且能耐阳台上短时间45℃高温。冬季3～5℃可缓慢生长。

2.土壤：应选择排水良好的疏松肥沃的沙质土壤，培养土用沙与草炭土以1:3的比例混合后进行栽培。

3.浇水：旺盛生长期必须供应充足的水，盆土过干会萎蔫，但在轻度萎蔫时浇水可很快恢复。夏季应在早、晚浇水，保持盆土湿润。在盛花期要注意控水，保持介质干燥，防止植株腐烂及徒长。梅雨季节盆土过湿，茎叶容易徒长，花期雨水多，花朵褪色，易腐烂，若遇阵雨，花瓣容易撕裂。如盆内长期积水，往往根部腐烂，整株萎蔫死亡。

4.施肥：施肥原则是薄肥勤施，由浓到淡。具体方法是做到均匀，不能重复。矮牵牛对尿素敏感，多施会导致徒长。矮牵牛生长迅速，对肥料消耗量大。施肥除用肥沃的培养土外，在生长期应半月施1次腐熟饼肥，并注重施磷、钾肥，可用0.1%尿素和0.1%磷酸二氢钾隔三日轮流浇灌1次。如果常用酸性液肥浇花，则花朵更加艳丽有光泽。

5.修剪：花谢后将长枝条栽去三分之一到一半，以利枝条完成发芽、更新。

6.病虫害防治：矮牵牛常见病害是炭疽病、叶斑病、根腐病和灰霉病。可每隔一周用达科宁800倍液、可杀得2000～1000倍液交替喷施进行预防。如已经发病应将病苗及周围的花苗及时剔除，并用药剂防治，及早分苗，初期可喷施菌虫毒三清700倍液、代森锰锌800倍液、农用链霉素800倍液、腐烂病绝750倍液。

矮牵牛的主要虫害是蚜虫，用50%抗蚜威3000～2000倍液、40%氧化乐果1500倍液、敌杀死60倍液喷施。白粉虱、潜叶蝇的防治措施：用黄板涂粘油诱杀，用10%扑虱灵乳1000倍液、50%杀螟硫磷1000倍液、粉虱通杀2000倍液交替喷施。

绿萝

别名： 魔鬼藤

形态特征 绿萝属天南星科常绿多年生草本植物，绿萝的茎蔓粗壮，茎节处有气根，可长达数米，幼叶卵心形，成熟的叶片则为长卵形，叶面浓绿色或镶嵌着黄白色不规则的斑点或条斑，绿萝枝繁叶茂，耐阴性好，终年常绿，有光泽。

习性

喜温暖、潮湿环境，半阴环境，不宜阳光曝晒。

种植技巧

1.栽培：可四季置于盆内，长期摆放在阳光明亮处。若长期于阴暗处，会使叶片变小，节间变长，对于色叶变种则叶色会淡化。夏季需放在半阴环境，避免阳光直射。生长适温白天25℃左右，冬季适温应保持在10~13℃，一般不低于7℃。每三年换盆1次。

2.土壤：要求疏松、富含有机质的微酸性和中性沙壤土。可用腐叶质70%、红壤土20%、油菜饼和骨粉10%混合沤制。

3.浇水：盛夏是绿萝的生长高峰，每天可向其气生根和叶面喷雾数次，既可清洗叶片的尘埃，利于呼吸，又能使叶色碧绿青翠，还能降低叶面温度，增加小环境的空气湿度。盆土以湿润为度，发现盆土变白时，即可浇透水。冬季室温较低，绿萝处于休眠状态，应少浇水，保持盆土不干即可。

4.施肥：以氮肥为主，磷、钾肥为辅。在生长期到来前，应每隔10天左右施以氮肥为主的薄肥水，薄肥勤施，施后再结合喷水，生长期中应半月喷1次0.2%的磷酸二氢钾，以增加磷、钾成分，有利生长健壮，增加抗性。冬季应停止施肥。

5.修剪：需剪去黄叶。生长期间，因为植株分枝较多，可适当进行疏剪。

6.病虫害防治：虫害不多，常见病害叶斑病，可用95%的代森铵500倍液，或80%的多菌灵可湿性粉剂1000倍液等喷施防治。

袖珍椰子

别名： 矮棕、矮生椰子、袖珍椰子葵

形态特征 袖珍椰子为棕榈科常绿小灌木，它的茎干直立，不分枝，深绿色，叶一般着生于枝干顶，羽状全裂，裂片披针形，互生，深绿色，有光泽片平展，成龄株如伞形；由于其株型酷似热带椰子树，形态小巧玲珑，美观别致，所以被称作袖珍椰子。

习性

喜高湿、高湿环境，耐阴，怕阳光直射。越冬温度不得低于5℃。

种植技巧

1.栽培：生长适温为20~30℃，13℃进入休眠状态，越冬温度为5℃。虽喜高温高湿环境，但在此环境下易发生褐斑病。

2.土壤：栽培基质以排水良好、湿润、肥沃壤土为佳，盆栽时一般可用腐叶土、泥炭土加1/4河沙和少量基肥作为盆土。每隔2~3年于春季换盆一次。

3.浇水：浇水以宁干勿湿为原则，盆土经常保持湿润即可。夏秋季空气干燥时，要经常向植株喷水，以提高环境的空气湿度，这样有利其生长，同时可保持叶面深绿且有光泽。冬季适当减少浇水量，以利于越冬。

4.施肥：对肥料要求不高，一般生长季每月施1~2次液肥，秋末及冬季稍施肥或不施肥。

5.修剪：仅修剪残花和老叶即可。

6.病虫害防治：常见虫害介壳虫，可用40%氧化乐果1000倍液喷雾防治，每星期喷1次。常见病害炭疽病，高温季节高发，需加强养护，不碰伤叶片，多喷水，使叶片保持清洁；在夏季还可以喷洒1%等量式波尔多液，约10天一次。

吊兰

别名： 折鹤草、桂兰、吊竹兰

形态特征 吊兰是百合科多年生常绿草本，地下部有根茎，叶细长，线状披针形，基部抱茎，叶簇生，鲜绿色，叶腋抽生匍匐枝，伸出株丛，弯曲向外，顶端着生带气生根的小植株；花白色，似花朵，花亭细长，长于叶，弯垂，疏离地散生在花序轴。花期5月，果期8月。

习性

喜温暖、湿润、半阴的环境，怕强光直射。耐寒力较差，冬季温度不能低于5℃。

种植技巧

1.栽培：生长适温为20℃，冬季温度不能低于5℃。置于半阴环境，切勿曝晒。光照过强是叶尖枯黄的重要原因之一，因此可四季放室内光线明亮处，但要注意通风。

2.土壤：喜肥沃、疏松和排水良好的沙质壤土。盆栽可用4份园土、4份腐叶土和2份沙混合配制成培养土，也可用市场上出售的普通酸性培养土。

3.浇水：春秋季一般2~3天浇水1次；盛夏每天浇水1次，还要向叶面和四周喷水，以增加空气湿度；冬季要适当控制浇水，不宜浇太多水。

4.施肥：吊兰喜肥，栽植和换盆时都要施足基肥，生长期每半月施1次以氮肥为主的饼肥水或化肥。冬季可每月施1次液肥，肥不足，容易使叶尖枯黄。花叶品种应少施氮肥，适当施加磷、钾肥，否则花叶会不明显。

5.修剪：每年要换盆，换盆时，要除去宿土和老根。要常清除盆边枯叶，修剪花茎和保持叶片清新。

6.病虫害防治：光照过强、水肥不当会导致叶片枯黄和茎叶腐烂，从而形成灰霉病、白粉病等，可用50%多菌灵可湿性粉剂800倍液、80%代森锌500倍液、75%百菌清500溶液交替喷洒。有时会有介壳虫危害，量少时可用刷子刷除，严重时可用肥皂水洗除，或用20号石油乳剂100~150倍液喷杀。

红背桂

别名： 青紫木、红背桂花、紫背桂

形态特征 红背桂是常绿灌木。叶对生，纸质，叶片狭椭圆形或长圆形，顶端长渐尖，基部渐狭，边缘有疏细齿，腹面绿色，背面紫红或血红色。花单性，雌雄异株，雄蕊长伸出于萼片之外，花药圆形，略短于花丝，雌花花梗粗壮。蒴果球形，顶端凹陷，种子近球形。花期几乎全年。

习性

喜温暖、湿润、半阴的环境，喜散射光，畏强光直射，不耐寒，忌水涝。

种植技巧

1.栽培：在室内宜置于空气流通处，避免强光直射，否则叶易焦枯。虽喜半阴环境，但过阴则生长不良。

2.土壤：喜肥沃、排水良好的微酸性土壤。盆土可用腐叶土和园土等量混合，再加10%～20%的河沙或珍珠岩。

3.浇水：发新梢前要少浇水，保持土壤湿润，但忌积水。为提高空气湿度，盛夏季节还应早晚向叶面喷水。

4.施肥：生长期可每月施1次肥水，夏、秋季要加施少量的磷、钾肥或淡饼肥水，也可将家禽粪晒干后磨成粉状，随浇水施入盆内。同时，为保持盆土的微酸性，适时浇些淡矾肥水。冬天不施肥。

5.修剪：可适当进行造型修剪，同时应及时剪除枯叶和病虫枝。

6.病虫害防治：栽培管理不善时，可能导致炭疽病或叶枯病发生，可喷洒65%的代森锌可湿性粉剂500倍液防治。此外，若发现根结线虫危害根部，可施加3%的呋喃丹颗粒剂防治。

常春藤

别名： 土鼓藤、钻天风、上树蜈蚣、散骨风、枫荷梨藤

形态特征 常春藤是五加科典型的阴生藤本植物，全是木质茎，茎上有气生根，能够攀援生长，叶互生，革质，油绿光滑，深绿色，叶片"山"字，叶柄深长，叶孤立生长于茎上。伞形花序单个顶生，花柱全部合生成柱状，花盘隆起，黄色。果实圆球形。花期9～11月，果期翌年3～5月。

习性

常春藤是典型的阴性藤本植物，也能生长在全光照的环境中，在温暖、湿润的气候条件下生长良好，不耐寒。

种植技巧

1.栽培：常春藤栽培管理简单粗放，但需栽植在空气流通之处。移植可在初秋或晚春进行。室内栽培要保持空气的湿度，不可过于干燥，但盆土不宜过湿。

2.土壤：对土壤选择性不强，但以富含腐殖质、排水良好的湿润土壤为宜，不耐盐碱。

3.浇水：冬天保持土壤湿润，生长季每1～2天浇1次透水。

4.施肥：生长季节每2周施1次以磷、钾肥为主的液肥，花叶品种氮肥比例不可过高，以免花叶变绿。

5.修剪：定植后需加以修剪，促进分枝。

6.病虫害防治：常见病害炭疽病，可喷洒50%多菌灵可湿性粉剂500倍液，每7天喷洒1次，连喷3、4次。常见病害疫病，可喷施或浇灌25%甲霜灵可湿性粉剂800倍液或64%杀毒矾可湿性粉剂600倍液、72%克露600倍液。常见虫害介壳虫，可喷洒40%氧化乐果乳油荆800倍液。

别名：香龙血树

巴西铁

形态特征 巴西铁是百合科常绿乔木，它的主杆十分粗壮，树形为木质纹路，茎干挺拔，叶片多从枝干的茎节出长出，但大多数都从主杆顶部结节出生出，叶片剑形深长下垂，叶片中有黄条纹，黄绿色泽分明，叶片长势浓密。

习性

喜高温高湿及通风良好的环境，较喜光亦耐阴，但怕烈日，忌干燥。

种植技巧

1.栽培：生长适温为20～28℃，越冬温度应保持在10℃以上。不耐强光，5～10月的强光照会导致叶片泛黄或叶尖枯焦，应注意遮阳，给较明亮的散射光即可。虽耐阴，但过于荫蔽也会使叶色暗淡，尤其是斑叶品种，叶面上斑纹容易消失。冬天移入室内越冬。

2.土壤：喜疏松、排水良好沙质壤土。盆土可用园土4份、腐叶土2份、泥炭土2份、河沙1份或园土2份、泥炭土1份和河沙1份混合配制。

3.浇水：晴天每天浇水1次，并向叶面喷水1～2次。秋末后宜控制浇水量，保持盆土微湿即可。冬季应控制浇水，应保持盆土半干半湿，如淋水过多会烂根、叶焦。

4.施肥：生长期每隔15～20天施1次液肥或1～2次复合肥。施肥宜施稀薄肥，切忌浓肥。多年老株每7天施1次，9月以后停止施肥。冬季停止施肥。

5.修剪：只需修整叶茎和茎干下部老化枯焦的叶片。

6.病虫害防治：常见虫害红蜘蛛，可用20%的三氯螨醇乳剂800~1000倍液喷洒，或40%氧化乐果乳油1000倍液或90%敌百虫800倍液喷洒，每周1次，连续3次。

文心兰

别名： 跳舞兰、金蝶兰、舞女兰

形态特征 文心兰是兰科中的文心兰属植物的总称，可分为薄叶种、厚叶种和剑叶种。有些种类一个花茎只有1～2朵花，有些种类又可达数百朵，如作为切花用的小花种一枝花几十朵，数枝上百朵到数百朵，其花朵色彩鲜艳，形似飞翔的金蝶，又似翩翩起舞的舞女，故又名金蝶兰或舞女兰。文心兰的花色以黄色和棕色为主，还有绿色、白色、红色和洋红色等。

习性

文心兰原产美国、墨西哥、圭亚那和秘鲁，喜湿润和半阴环境。

种植技巧

1.栽培：可用蕨板或蕨柱栽培。生长适温为18～25℃，冬季温度不低于12℃。薄叶型和剑叶型文心兰喜冷凉气候，生长适温为10～22℃，冬季温度应不低于8℃。

2.土壤：要求泥土通风透气、利水。通常用碎蕨根40%、泥炭土10%、碎木炭20%、蛭石20%、水苔10%配制，盆底多垫碎瓦片和碎砖。

3.浇水：在生长旺盛的季节里，因需水量增加，最好每天早、晚各浇水1次；到了冬季气温较低时，应停止浇水。

4.施肥：种植时先用少量缓放性肥料作基肥，每月施用一次腐熟豆饼水、油粕、骨粉等。除晚秋与冬季气温过低外，在生长季节春夏早秋三季，每2～3周施一次1500～2000倍的液体水溶性速效肥，未开花时要施用氮、磷、钾"三要素"均衡的复合肥，可向叶面喷洒，也可根部施用。临近开花时要补充磷、钾肥。

5.修剪：枝繁叶茂，及时修剪枯枝、枯叶和病虫叶即可。

6.病虫害防治：常见虫害介壳虫，可用40%的氧化乐果乳剂1000倍液喷雾灭杀或50%马拉松乳油2000倍液喷杀。常见病害软腐病和叶斑病，可采用50%的多菌灵1000倍液、50%的甲基托布津可溶性湿剂800倍液防治。

别名： 天竺、南天竺、南烛、南竹叶、红杷子、蓝天竹

南天竹

形态特征 南天竹为常绿小灌木。茎常丛生而少分枝，幼枝常为红色，老后呈灰色。叶互生，集生于茎的上部，三回羽状复叶，小叶薄革质，椭圆形或椭圆状披针形，顶端渐尖，基部楔形，全缘，上面深绿色，冬季变红色。圆锥花序直立，白色，具芳香。浆果球形，熟时鲜红色，稀橙红色。种子扁圆形。花期3~6月，果期5~11月。

习性

喜温暖及湿润的环境，较为耐阴，也耐寒。耐湿但不耐水涝。

种植技巧

1.栽培：最好能栽在上午见阳光，下午荫蔽处。忌强光，在强光下虽也能生长，但叶色常发红，生长不良。若长期在荫蔽处生长，则往往结果稀少。

2.土壤：栽培土要求肥沃、排水良好的沙质壤土。可用泥炭土或腐叶土1份、园土1份、沙1份配成盆土，并加入适量的厩肥、过磷酸钙及复合肥。

3.浇水：对水分要求不甚严，既能耐湿也能耐旱。栽培时保持土壤湿润，夏天高温时每天可向叶面喷水1次。

4.施肥：比较喜肥，可多施磷、钾肥。生长期每月施1~2次液肥。

5.修剪：盆栽植株每隔1~2年，枝叶老化脱落，可整型修剪，一般主茎留15厘米左右便可，4~5月修剪。日常管理中，应及时剪去病弱枝、过密枝、徒长枝。

6.病虫害防治：偶见虫害介壳虫，少量可人工除去，或用40%氧化乐果乳油1000倍液喷洒防治。有病害红斑病，可喷70%代森锌可湿性粉剂400~600倍液。

天门冬

别名： 武竹、刺文竹

形态特征 天门冬为攀援植物。根在中部或近末端成纺锤状膨大，茎平滑，常弯曲或扭曲，分枝具棱或狭翅。叶状枝梢镰刀状，茎上有鳞片状叶，基部延伸为硬刺，在分枝上的刺较短或不明显。花淡绿色，浆果熟时红色，有1颗种子。花期5~6月，果期8~10月。

习性

喜温暖，不耐寒，较耐阴，忌烈日直晒。

种植技巧

1.栽培：秋播在9月上旬至10月上旬进行，发芽率高，但发芽时间长，管理费工。春播在3月下旬进行，发芽快，管理方便。

2.土壤：对土壤要求不严，但喜疏松肥沃、排水良好的土壤，通常栽培土用50%腐叶土、20%园土、10%厩肥（或磷钾肥）混合而成。

3.浇水：栽培养护时土壤要半干半湿。因天门冬是肉质根，水分过大容易烂根；土壤过干，易产生枝叶发黄等现象。夏季生长期每天浇透水1次，并多向枝叶和花盆周围地面喷水，增加空气湿度。秋季空气干燥时，也需经常向叶面喷水。冬天每半月浇1次透水即可。

4.施肥：在生长期内，每10~15天施1次以氮、钾为主的充分腐熟的稀薄液体肥。

5.修剪：结合春季换盆剪除部分老根和部分攀缘老茎，使茎叶经常保持繁茂美观。

6.病虫害防治：常见的病虫害为蚜虫，主要是在雨季危害。当出现蚜虫危害时，可用40%乐果或氧化乐果1500倍液喷洒。也有见虫害短须螨，可用40%水胺硫磷1500倍液或20%双甲脒乳油1000倍液喷雾防治。

橡皮树

别名： 橡胶榕

形态特征 树皮灰白色，平滑，幼小时附生，小枝粗壮。叶厚革质，长圆形至椭圆形，先端急尖，基部宽楔形，全缘，表面深绿色，光亮，背面浅绿色，侧脉多，不明显，平行展出，榕果成对生于已落叶枝的叶腋，卵状长椭圆形，瘦果卵圆形。花期冬季。

习性

喜温暖、湿润环境。喜光，亦能耐阴，不耐寒。

种植技巧

1.栽培：夏季忌强光照射，早晚可日晒，强光需遮阴，一般可放于通风的窗口。冬季须移入室内向阳处养护，保持室温10℃以上，温度低于5℃时易受冻害。

2.土壤：要求肥沃、疏松土壤，在中性或偏酸性土壤中生长良好。盆栽时，宜用腐叶土、草灰土加1/4左右的河沙及少量基肥配成培养土。

3.浇水：平时保持土壤湿润。夏季应多浇水，并喷水数次于叶面上，保持叶面清洁，但要避免盆内积水。入秋后逐渐减少浇水，促进植株生长充实，利于越冬。

4.施肥：应每月追施2~3次以氮为主的肥料。有彩色斑纹的种类，因生长比较缓慢，可减少施肥次数，同时增施磷钾肥，以使叶面上的 斑纹色彩亮丽。9月应停施氮肥，仅追施磷钾肥，以提高植株的抗寒能力。冬季植株休眠，应停止施肥。

5.修剪：仅需修剪病虫枝、徒长枝和过密枝。

6.病虫害防治：常见病害为炭疽病，可喷1%波尔多液。6~9月每半月喷一次1%波尔多液或波美度为0.3的石硫合剂或0.5%高锰酸钾。偶有灰斑病，可喷50%的多菌灵1000倍液或百分之70的甲基托布津1200倍液。虫害有介壳虫和蓟马，用40%氧化乐果乳油1000倍液喷杀。

吊竹梅

别名： 吊竹草、吊竹兰

形态特征 吊竹梅，多年生草本。茎稍柔弱，绿色，下垂，半肉质，分枝，节上生根，披散或悬垂。叶无柄，椭圆状卵形至矩圆形，先端短尖，上面紫绿色而杂以银白色，中部边缘有紫色条纹，下面紫红色。小花腋生，萼筒部带白色，花冠管白色，卵形花瓣紫色。果为蒴果。花期为5~9月。

习性

喜温暖、湿润气候，不耐寒，不耐旱，耐水湿，较耐阴。

种植技巧

1.栽培：适应性极强，生长适温为15℃~25℃。春、夏、秋阳光较强的季节要荫蔽养护，冬季要放在阳光下养护。

2.土壤：以肥沃、疏松的壤土为佳，多用腐叶土（泥炭）、园土等量混合做培养土。

3.浇水：生长季节要保持盆土湿润，冬季则控制水分，不宜过干。空气干燥时要向叶面喷水保湿。

4.施肥：生长旺盛时期10天追施1次液肥，以氮肥为主，冬季停止施肥。

5.修剪：为保持其枝叶丰满，茎长到20~30厘米时，应进行摘心以促使分枝，否则枝条长得细长，影响观赏效果。植株花叶有时可变成绿色叶，此时，应及时摘除，以免整株植物叶片全部变绿。

6.病虫害防治：常见病害灰霉病，可用50%异菌脲按1000~1500倍液稀释喷施，5天用药1次，连续用药2次。

火棘

别名： 火把果、救军粮

形态特征 火棘，常绿灌木。干直立，顶端分枝，叶互生或丛生于枝梢，叶质厚，长卵形，叶片边缘有皱纹或波纹状钝锯齿。花腋生，伞形花序，生于植株下半部，花白色或淡红色。果实球形，似豌豆大小，果熟时变红色，果实挂枝梢上，长时间不落，果期在整个春节期间都可以看到。

习性

喜光照，较耐阴，耐瘠薄，有一定耐寒性。

种植技巧

1.栽培：应摆放在通风良好、日照时间长的环境。如冬季气温高于10℃，不利植株休眠，就会影响翌年开花结果。

2.土壤：宜用吸肥力大、排水性好、酸碱适中的肥沃土。盆土可用豆科植物秸秆堆肥土2份、园土1份、沙土1份配制而成，适当加一些25%氮磷钾复合肥。

3.浇水：开花期少浇水，保持土壤偏干。如果花期正值雨季，要排出积水，避免植株因水分过多造成落花。果实成熟收获后，在进入冬季休眠前要灌足越冬水。

4.施肥：移栽定植时要下足基肥，定植3个月后再施无机复合肥。之后施氮肥可促进枝干的生长发育。植株成形后、开花前应适当多施磷、钾肥，有利开花结果。开花期间为促进坐果，可酌施0.2%的磷酸二氢钾水溶液。冬季停止施肥。

5.修剪：开花坐果后，应把长枝剪短，只留2~3个节。花密处多剪，花疏处少剪或不剪。火棘如当年结果太多，翌年就会少结果或不结果。

6.病虫害防治：易受蛀干害虫和红蜘蛛危害，对蛀干害虫可用棉球漫300倍的40%的敌敌畏液，塞入害虫排泄孔，并用泥巴将蛀孔密封堵塞。红蜘蛛可用三氯杀螨醇或氧化乐果喷杀。

红枫

别名： 紫红鸡爪槭

形态特征 红枫是落叶小乔木。树姿开张，小枝细长。树皮光滑，呈灰褐色。单叶交互对生，常丛生于枝顶。叶掌状深裂，裂片5~9，裂深至叶基，裂片长卵形或披针形，叶缘锐锯齿。春、秋季叶红色，夏季叶紫红色。嫩叶红色，老叶终年紫红色。伞房花序，顶生，杂性花。花期4~5月。翅果，幼时紫红色，成熟时黄棕色，果核球形。果熟期10月。

习性

喜阳光，怕烈日和西晒，喜温暖湿润气候，较耐寒，稍耐旱；不耐水涝。

种植技巧

1.栽培：春秋可接受全日照，入夏后要移至半阴处，避免中午烈日直射。红枫在高温、干燥、烈日照射、盆土过干、积水、空气污染等环境中都会造成叶尖焦枯或卷叶。

2.土壤：喜肥沃、疏松、排水良好的土壤。盆栽时可用园土、腐叶土各2份，加1份沙配置成培养土。

3.浇水：日常浇水要做到见干见湿，防止过干或过湿。夏季雨水多需防止盆中积水，干燥高温时要适当喷水降温增湿。冬季保持土壤湿润。

4.施肥：盆栽一般每年施肥2～3次，若施肥过多，则发枝多生长快，叶色变绿，降低观赏价值。

5.修剪：需要剪除枯叶、交叉枝和徒长枝，同时应及时除去无用的萌芽。

6.病虫害防治：主要为虫害，如食枝叶害虫如金龟子、刺蛾、蚜虫，可用氧乐果800～1000倍液进行喷雾；蛀干性害虫天牛、蛀心虫等会危害红枫枝干，可用杀灭菊酯等2000～3000倍液进行喷雾，同时在虫道口向枝干注射甲胺磷或敌敌畏原液，外用泥封口。

棕竹

别名： 棕榈竹、观音竹

形态特征 棕竹茎干直立圆柱形，有节，纤细如手指，不分枝，有叶节，上部被叶鞘，但分解成稍松散的马尾状淡黑色粗糙而硬的网状纤维。叶集生茎顶，掌状深裂，裂片4~10片，不均等，被毛。肉穗花序腋生，花小，淡黄色，极多，单性，雌雄异株。果实球状倒卵形。种子球形。花期4~5月，果期10~12月。

习性

喜温暖湿润的气候，耐干旱，喜阴，特喜肥，抗污染，耐寒力差。

种植技巧

1.栽培：栽培以春季4月为宜，将其摆放在通风阴凉的地方，夏秋高温干旱强日照季节，应进行遮阴防晒，避免强光直射。冬春季节应将其摆放到避风温暖的地方，冬季温度不低于5℃。

2.土壤：要求肥沃的酸性至微酸性土。盆土可用腐叶土、草炭土、松针土、山泥和适量沙土配制。2~3年换盆一次，宜在春季3~4月进行。

3.浇水：生长期要求盆土湿润并经常向叶面喷水，见干见湿浇透水，盛夏早晚淋透淋足，冬季保持土壤湿润。雨季防止积水，12月至翌年2月，每20天左右清洗叶面1次。

4.施肥：换盆时施腐熟有机肥作基肥，4~6月重施腐熟有机肥2~3次，四、六肥水，7~8月薄施多次，每15~20天1次，9~11月施腐熟有机肥1~2次，三、七肥水。

5.修剪：主要剪去其枯黄叶及病叶，如层次太密，也可进行疏剪。

6.病虫害防治：棕竹病虫害较少，主要有介壳虫，可人工洗刷杀之。经常施以少量硫酸亚铁溶液，可防止叶片黄化。

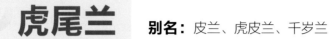

虎尾兰

别名：皮兰、虎皮兰、千岁兰

形态特征 虎尾兰为龙舌兰科多年生草本植物，地下茎无枝，下部筒形，中上部扁平，剑叶挺拔直立，叶全缘，呈横带斑纹；总状花序，花淡白、浅绿色，着生在花序轴上。

习性

喜温暖湿润环境，耐干旱，喜光又耐半阴，不耐寒，忌积水。

种植技巧

1.栽培：其生长适温为20～30℃，越冬温度为10℃。它在光线充足的条件下生长良

好，除盛夏需避免烈日直射外，其他季节均应多接受阳光；若放置在室内光线太暗处时间过长，叶子会发暗，缺乏生机。

2.土壤：对土壤要求不严，以排水性较好的沙质壤土较好。盆栽可用腐叶土和园土等量混合并加少量腐熟基肥作为基质。

3.浇水：浇水要适量，掌握宁干勿湿的原则。平时用清水擦洗叶面灰尘，保持叶片清洁光亮。春季根茎处萌发新植株时要适当多浇水，保持盆土湿润；夏季高温季节也应经常保持盆土湿润；秋末后应控制浇水量，盆土保持相对干燥，以增强抗寒力。

4.施肥：它对肥料要求不高，生长季每月施1~2次氮、磷结合的稀薄液肥，以保证叶片苍翠肥厚。

5.修剪：只需对病叶、枯叶进行修剪。

6.病虫害防治：在通风不良或是气温过高的波动的情况下，易发生叶斑病、炭疽病、细菌软腐病、灰霉病、叶枯病和溃疡病，发病初期可喷50%多菌灵或甲基托布津800倍液。虫害有象鼻虫、蓟马和根癌线虫等，可用40%氧化乐果乳油1000倍液喷杀。

龙舌兰

别名： 龙舌掌、番麻

形态特征 龙舌兰叶呈莲座式排列，大型，肉质，叶缘具有疏刺，顶端有1硬尖刺，刺暗褐色。圆锥花序，大型，多分枝；花黄绿色。蒴果长圆形，长约5厘米。开花后花序上生成的珠芽极少。

习性

喜温暖干燥和阳光充足环境。稍耐寒，较耐阴，耐旱力强。

种植技巧

1.栽培：生长适温为15～25℃，温度低于5℃易受冻害。喜充足阳光。对具白边或黄边的龙舌兰，遇烈日时，稍加遮阴。

2.土壤：要求排水良好、肥沃的沙壤土。盆栽常用腐叶土和粗沙各半的混合土。

3.浇水：生长期间必须给予充分的水分，才能使其生长良好。所以夏季应增加浇水量，以保持叶片绿柔嫩。入秋后，龙舌兰生长缓慢，应控制浇水，力求干燥。冬季休眠期中，龙舌兰不宜浇灌过多的水分，否则容易引起根部腐烂。

4.施肥：生长期每月施肥1次，冬天不施肥。

5.修剪：只需剪除枯叶、病死叶和残花。

6.病虫害防治：常见病害炭疽病，可喷洒70%甲基托布津800倍液、绿乳铜100倍液以及炭疽福美、多菌灵等药物，每隔7～10天喷1次，最好几种药物交叉使用，以免产生抗药性。有见病害叶斑病和灰霉病，可用1%波尔多液或用50%多菌灵可湿性粉剂1000倍液喷洒。常见介壳虫危害，可用80%敌敌畏乳油1000倍液喷杀。

金边兰

别名： 金边草、银边兰

形态特征 金边兰叶片呈宽线形，嫩绿色，着生于短茎上，具有肥大的圆柱状肉质根。总状花序长小花，白色。它生长快，栽培容易，在较明亮的房间内可常年栽培欣赏。是摆放在橱顶或花架上最适宜的植物种类之一。

习性

抗逆性强，耐干旱，喜温暖环境，生长适温为18℃至27℃，冬季在12℃以上就能顺利越冬。

种植技巧

1.栽培：采用分株法，一株一年能生出3个小芽，春秋可结合换盆进行分株，将小株连在母株上的根茎切断，伤口涂抹硫磺粉或草木灰，晾干后便可上盆，3至4芽为一单位。

2.土壤：适宜疏松、通气、排水良好的土壤。可用腐叶土、壤土（或田园土）和等量粗沙加少许腐熟厩肥，混匀配成营养土。

3.浇水：高温季节应多浇水，保持盆土湿润。忌强光，夏季要适当遮阴。冬季放在向阳处，少浇水，保持盆土干燥。用塑料盆、瓷盆直接栽植时，一定更要少浇水，宁干勿湿。生长期间，可用喷壶经常喷洗。

4.施肥：春季可施用一次腐熟的饼肥，如香油饼、豆饼等。生长期间可浇施用饼肥浸泡的稀薄肥水。进入冬季停止施肥。

5.修剪：及时摘除黄叶。

6.病虫害防治：常见病害叶斑病、灰霉病，用喷洒50%退菌特可湿性粉剂1000倍液喷洒，每隔15天喷1次，连喷2、3次即可。常见虫害介壳虫，喷洒80%敌敌畏乳油剂1000倍液。其他防治方法参见苏铁病虫害防治部分。

蟹爪兰

别名：蟹爪、仙人花、蟹爪莲、圣诞仙人掌

形态特征 蟹爪兰叶嫩绿色，新出茎节带红色，主茎圆，易木质化，分枝多，呈节状，刺座上有刺毛，花着生于茎节顶部刺座上。常见栽培品种有大红、粉红、杏黄和纯白色。因节径连接形状如螃蟹的副爪，故名蟹爪兰。

习性

喜温暖、荫蔽、潮湿的环境。忌曝晒，不耐寒。

种植技巧

1.栽培：室外宜放置于散射光下或半阴处，室内可置于向阳处，不能曝晒，冬季放置室内注意保温、通风。

2.土壤：喜肥沃疏松和排水良好的沙质壤土。盆栽可用等量煤渣灰、腐叶土、河沙混合配制成培养土，不能用黏重土壤。

3.浇水：生长期浇水要适度，忌积水，保持盆土湿润为宜。盛夏植株进入短时间的休眠期，盆土宜干，但可每天向植株叶片喷水。冬季也应少浇水，浇水宁少勿多。

4.施肥：4~6月半月施1次薄肥，盛夏停止施肥。入秋后至开花前，每周施1次以磷、钾为主的液肥，开花前再增施速效磷肥（0.2%的磷酸二氢钾）。花后至长出新芽前，停止施肥。

5.修剪：一般不需修剪，只需在花后去除残花。

6.病虫害防治：主要是虫害：闷热、不通风或高温高湿等情况下，易发生红蜘蛛、介壳虫危害，因此平时要注意通风，少浇水，保持盆土清洁。虫害数量少可用刷子刷除，或用冷的生姜和大蒜水喷洒，连续2~3次。严重时，可用氧化乐果1000~1500倍液或用25%亚铵硫磷乳剂1000倍液喷治。

昙花

别名： 月下美人、琼花

形态特征 昙花为附生肉质灌木，老茎圆柱状，木质化。分枝多数，叶状侧扁，披针形至长圆状披针形。花单生于枝侧的小窠，漏斗状，于夜间开放，芳香；花托绿色，略具角，被三角形短鳞片，开展，黄白色。浆果长球形，具纵棱脊，无毛，紫红色。种子多数，卵状肾形，亮黑色。

习性

喜温暖湿润，半阴的环境。不耐寒，忌烈日暴晒。

种植技巧

1.栽培：对温度的要求比原产地高，为15～25℃，冬季可耐5℃左右低温。春秋季可放在阳光下，夏季要放在散射光下或室内见光、通风处。

2.土壤：要求排水良好、透气性好、富含腐殖质的沙质壤土。盆栽可用5份腐叶土、3份河沙、2份煤渣混合配制成培养土。

3.浇水：春季一般一周浇水1次，夏季除浇水外，每天要喷水1～2次，秋季可少浇水，但要喷水，冬季控制浇水，盆土保持适当干燥。

4.施肥：生长期每半月施1次薄液肥，夏季少施，春天和冬季不施。开花前要施用磷肥。

5.修剪：每年春季适当修剪，设支架，防止倒伏。

6.病虫害防治：病害有炭疽病，可用70%的托布津1000倍液喷洒。虫害有介壳虫、红蜘蛛等，可用20%三氯杀螨醇1000倍液喷杀。

仙人球

别名：草球，花盛球

形态特征 茎圆球形，单生或成丛，球顶密被金黄色毛。有棱21~37枚，显著。刺座很大，密生硬刺，刺金黄色，后变褐，有辐射刺8~10枚，3厘米长，中刺3~5枚，较粗，稍弯曲，5厘米长。6~10月开花，花生于球顶部，钟形，4~6厘米，黄色，花筒被尖鳞片。

习性

喜干、耐旱、怕冷。

种植技巧

1.栽培：要求阳光充足，盛夏适当遮阴，越冬温度保持5℃以上。冬天，仙人球处于休眠期，盆土要相对偏干一些，否则容易烂根。

2.土壤：喜欢排水良好的沙质土壤。栽培土采用腐殖土5份，加沙3份、草木灰2份，再加少许骨粉更好。

3.浇水：不怕干，所以在春夏时每月浇水1次，冬天时2、3个月浇水1次，或不浇水。注意浇水时一定要浇透。

4.施肥：生长季节，每月施1次肥，最好施氮磷钾混合肥料。

5.修剪：无需修剪，只需摘除残花。

6.病虫害防治：在高温、通风不良的环境中，容易发生病虫害，虫害用40%氧化乐果乳油1000倍液喷杀。病害可喷洒多菌灵或托布津。

芦荟

别名：卢会、讷会、象胆、奴会

形态特征 芦荟属于独尾草科常绿多肉质的草本植物，叶簇生，呈莲台状生于茎顶，叶常披针形或叶短宽，边缘有尖齿状刺。花序为伞形、总状、穗状、圆锥形等，色呈红、黄或具赤色斑点，花瓣六片，雌蕊六枚，花被基部多连合成筒状；芦荟生性畏寒，怕积水，需要充分的阳光才能生长，但芦荟也是好种易活的植物。

习性

喜高湿、高湿环境，耐阴，怕阳光直射。越冬温度不得低于5℃。

种植技巧

1.栽培：生长适温为18～25℃，怕寒冷，宜置于室内向阳处。

2.土壤：要求土壤潮湿、肥沃，疏松透气沙壤，忌涝，忌黏土。适宜种在排水性能良好、不易板结的疏松土质中。

3.浇水：原则是见干见湿，干透浇透和宁干勿湿。春秋两季一般每隔5天或7天浇1次水。时间最好在早上或傍晚。夏季一般每天当太阳下山后浇1次水。冬季气温低，芦荟处于半休眠状态，少浇水，且应在中午浇水。如果连日阴雨，降雨量大或浇水量过大，采用扣盆的方式进行排水，等盆土见干后方可再浇水。

4.施肥：尽量使用发酵的有机肥，饼肥、鸡粪、堆肥都可以。

5.修剪：仅修剪残花和老叶即可。

6.病虫害防治：常见病害有褐斑病、炭疽病、叶枯病、白绢病，预防可增施磷钾肥、喷洒波尔多液，治疗可用50%多菌灵可湿性粉剂1000倍液、75%百菌清可湿性粉剂800倍液、70%甲基托布津可湿性粉剂800倍液喷洒。偶有红蜘蛛、棉铃虫、介壳虫为害，但一般发生量小，不用防治。

荷包花

别名： 蒲包花

形态特征 荷包花是一年生草本植物。叶片圆心形，边缘有疏短尖齿，表面有绒毛。花朵有二唇花冠，上唇略小、下唇大，形状就像荷包一样，花色有淡黄、深黄、淡红、鲜红、橙色等，常嵌有褐色或红色斑点。花果期5~11月。

习性

喜凉爽、空气湿润、通风良好的环境，不耐严寒。

种植技巧

1.栽培：害怕高温，生长适温为15~20℃。荷包花为长日性植物，需要长时间日照，如果冬天日光不足时，为了赶上春节开花还需要每天特地增加2小时以上的光照。

2.土壤：以肥沃、疏松和排水良好的微酸性沙质壤土为好。盆栽可选用泥炭加少量河沙及骨粉混合配制。

3.浇水：忌盆土过湿，一般干时才浇水，遵循见干见湿原则。初秋温度高时更要控制浇水，室内可经常喷雾，使增加空气湿度。浇水时，注意不要让水直冲植株，如果水经常聚积叶面及芽上，易引起腐烂。

4.施肥：生长季每隔10天施一次腐熟液肥，初花期应施以磷为主的肥料，施肥时，不可让肥水玷污叶片。

5.修剪：注意及时摘除败叶，不让其在土面腐烂。

6.病虫害防治：常见虫害红蜘蛛，可用洗衣粉15克，加20%的烧碱15毫升，加水7500克，三者混合后喷雾喷洒。偶见虫害蚜虫，可用洗衣粉3~4克，加水100毫升，搅拌后喷洒，连续喷2~3次，或用风油精加水600~800倍液喷洒。

百万心

别名：卢串钱藤、纽扣玉藤

形态特征 百万心原产于澳大利亚，是近年来引进的观叶新品种。它是附生缠绕藤本植物，以气根攀附于树干或他物上，因此也非常适合吊挂欣赏。叶片绿色，呈小心形。花小，白色。花期在春季。

习性

性喜湿润、半阴环境，较耐旱。

种植技巧

1.栽培：生长适温20~30℃，若气温低于10℃时需移至较温暖处，并降低浇水频率，避免寒害。光线不宜过强，半日照或置于有遮蔽的屋檐下、窗边均适宜。

2.土壤：栽培基质一般选用通气性良好的材料，可用蛇木屑加适量珍珠岩混合配制营养土。

3.浇水：百万心耐旱性强，基质不能长期过湿，特别是雨季，否则可能导致根系及枝条腐烂或长势衰弱，浇水掌握干透浇透的原则。

4.施肥：需肥量不大，每月施用1次稀薄的液肥，浓度不可过高，否则易出现肥害。

5.修剪：一般不需要刻意修剪，若枝条显得杂乱时，可以修剪整理。

6.病虫害防治：百万心是入门级的植物，比较容易栽种，病虫害也比较少。只要注意浇水量，保持通风透光，避免腐叶烂根即可。

别名： 金莲花、旱荷、旱莲花

旱金莲

形态特征 旱金莲在有些地区已逸为野生，多年生蔓性草本花卉。茎肉质，叶子近圆形，花梗细长，花色有黄、红、橙、紫、乳白及复色等多种。花期6~10月，果期7~11月。

习性

性喜温暖、湿润、阳光充足的环境。

种植技巧

1.栽培：生长适温18～24℃，越冬温度10℃以上，能忍受短期0℃。喜阳光充足，不耐荫蔽，春秋季节应放在阳光充足处培养，夏季适当遮阴。

2.土壤：对土壤要求不严，以疏松、肥沃、通透性强的土壤为佳，盆栽可选用泥炭或腐叶土栽培。

3.浇水：喜湿怕涝，生长期间浇水要采取小水勤浇的办法，春秋季节2~3天浇水一次，夏天每天浇水，并在傍晚往叶面上喷水，以保持较高的湿度。

4.施肥：在生长过程中，一般每月施1次浓度为20%的腐熟豆饼水；在开花期间停施氮肥，改施0.5%过磷酸钙或腐熟的鸡鸭粪水，每隔半月施1次；花谢之后追肥1次30%的腐熟豆饼水，以补充因开花所消耗的养分。夏季天气炎热停止施肥。秋末再施1次复合性越冬肥，以增强植株抗寒能力。

5.修剪：为了控制其茎蔓无限生长，当旱金莲进入初花期，其茎蔓生长已达30~40厘米时，可适当修剪使主蔓增粗，顶蔓延长迟缓，侧蔓上的花朵相继开放。

6.病虫害防治：常见病害花叶病，可及时拆除病株以防蔓延。常见虫害蚜虫，可用40%乐果乳油1000～1500倍液，或复果乳油（敌敌畏40%、氧化乐果10%）2000～3000倍液，或20%灭扫利乳油3000倍液等喷洒。

彩叶草

别名： 五色草、洋紫苏、锦紫

形态特征 彩叶草是多年生草本植物。叶子对生，宽卵形，边缘有粗锯齿，背面有绒毛；叶在绿色衬底上有紫、粉红、红、淡黄、橙等彩色斑纹。开淡蓝或白色小花，花期在8~9月。

习性

喜高温、湿润、阳光充足、通风良好的环境。

种植技巧

1.栽培：耐寒性不强，生长适温为20～25℃。耐半阴，夏季忌强光直射。

2.土壤：对土壤要求不严，以疏松、肥沃的土壤为佳，盆栽彩叶草可选用腐叶土或塘泥栽培。

3.浇水：彩叶草蒸发量较大，对水分要求较高，但不宜积水。过湿易徒长，缺水易萎蔫，一般一天一浇透。

4.施肥：定期追加适量的腐熟饼肥水，多施磷肥、少施氮肥，防止叶色变浅。

5.修剪：如果主茎生长过高应及时摘心。在不采收种子的情况下，最好在花穗形成的初期把它摘除，因为抽穗以后株姿大多松散失态，降低观赏效果。10月初，入中、高温室越冬，此期可重剪来更新老株。

6.病虫害防治：有见病害白绢病，可选用5%多菌灵1000倍液喷洒根际土壤进行防治。有见虫害斑潜蝇，从5月份开始危害，持续到8月份，可根灌40%氧化乐果乳油1000倍液进行防治。

别名： 蝴蝶花、蝴蝶梅、鬼脸花、猫儿脸

三色堇

形态特征 三色堇是一年或二年生草本植物。分枝极多，叶片圆心形，边缘有圆钝锯齿。单花生于花梗顶端，花形大，花色有紫、蓝、黄、白、古铜色等。蒴果呈椭圆形。花期4～7月，果期5～8月。

习性

喜凉爽湿润的气候，喜阳光充足、通风的环境。

种植技巧

1.栽培：宜置于阳光充足的地方养护，过阴会导致开花数量减少。生长适温为15～25℃。昼温持续超25℃时，只开花不结实，即使结实，种子也发育不良。根系可耐-15℃低温，但低于-5℃叶片受冻，边缘变黄。

2.土壤：喜肥沃、排水良好、富含有机质的中性土壤或黏土。盆栽可用腐叶土或泥炭，要求疏松、透气及排水良好。

3.浇水：生长期保持土壤湿润，冬天应偏干，每次浇水要见干见湿。植株开花时，保持充足的水分；在气温较高、光照强的季节要注意及时浇水。

4.施肥：当真叶长出两片后，可开始施以氮肥，早期喷施0.1%尿素，临近花期可增加磷肥，开花前施3次稀薄的复合液肥，孕蕾期加施2次0.2%的磷酸二氢钾溶液，开花后可减少施肥。生长期10~15天追施1次腐熟液肥，生育期每20~30天追肥1次。

5.修剪： 及时清理残花败叶即可。

6.病虫害防治：常见病害灰霉病，可喷施50%速克灵1000倍液或多菌灵500~1000倍液、百菌清700~800倍液、50%甲基托布津500~600倍液，还可用熏灵烟剂。有见虫害金龟子，可用40%氧化乐果1000倍液，或50%速灭威粉剂500倍液，或50%辛硫磷乳油加1000~1500倍液泼浇受害植株根际，如对23厘米直径的盆，每次用药液100~200毫升。

孔雀木

别名： 手树

形态特征 孔雀木为常绿灌木或小乔木，叶绿褐色革质，互生，掌状复叶，革质，小叶5～9片，暗紫红色，叶缘有疏锯齿。老株的成熟叶片会逐渐变大、变绿、叶缘齿不明显。

习性

喜温暖、湿润环境，不耐寒，属喜光性植物。

种植技巧

1.栽培：生长适温为18～23℃，冬季温度不低于5℃。春秋二季可将其放在室内南向窗口附近具有明亮光线处。夏季和初秋则应远离南向窗口一些，或搁放于东、北向口附近，借以避开强光直射；但又不能将其搁放于阴暗处，否则易导致枝条徒长。

2.土壤：对土壤要求不严，以肥沃、疏松的壤土为好，盆栽培养土可用腐叶土、园土、河沙混合配制。

3.浇水：生长季节浇水量要适宜，忌过干及过湿，最好在盆土稍干时再彻底浇水，掌握"见干见湿"的原则。在天气较炎热的季节，应向植株喷雾保湿。冬季控水。

4.施肥：对肥料要求不高，生长季半个月施肥1次，最好稀薄饼肥水及有机肥交替施用，秋季增施磷、钾肥，增加其抗寒力。冬季生长缓慢，应停止施肥。

5.修剪：生长过于细弱的植株，在新叶萌发时可进行重修剪，基部留10厘米左右，如上部枝条干枯也宜强剪，以促发枝叶。

6.病虫害防治：常见病害叶斑病和炭疽病，可用50%托布津可湿性粉剂500倍液喷洒防治。偶有虫害介壳虫危害叶片，应及时检查，人工清除或喷洒氧化乐果防治。

郁金香

别名： 洋荷花、草麝香

形态特征 郁金香是多年生球根植物，鳞茎扁圆锥形。茎、叶光滑，叶带状披针形，3～5枚，全缘并呈波状，顶端常有少数毛。花单生茎顶，花大艳丽，杯状，有红、黄、橙、紫、粉及复色变化，还有条纹和重瓣品种。白天开放，夜晚闭合。花期4～5月。

习性

性喜冬季温和，夏季凉爽、稍干燥环境。

种植技巧

1.栽培：生长适温17℃～22℃，最高不得超过28℃，8℃以上即可正常生长，一般可耐-14℃低温。休眠期以20℃～25℃为佳。栽培过程中，应该保证植株每天接受不少于8小时的直射日光。

2.土壤：喜肥沃、疏松、富含腐殖质、排水良好的沙壤土，在高密度土、贫瘠土中生长不良。

3.浇水：郁金香喜微潮偏干的土壤环境。当植株现蕾后，可适当加大浇水量，以促使花葶抽生，这样能使植株的观赏价值更高。在郁金香的整个花期管理过程中，应该掌握气温低少浇水、气温高多浇水的原则。

4.施肥：在郁金香的花期控制中，通常可在其长出2～3枚叶片时、花葶抽生后，分别追施富含磷、钾的稀薄液体肥料一次，这样基本能够保证郁金香正常开花。

5.修剪：郁金香一般不需要修剪，花谢后把花剪掉即可。

6.病虫害防治：有病害褐斑病，预防措施：种植前，对温室及土壤进行消毒；种植前消毒种球，使用杀菌剂进行预防；最好在早晨浇水；保持植株干燥，尤其是夜晚防止植株积水，相对湿度应在85%～90%，保持空气流动。

绣球花

别名： 八仙花、草绣球、紫绣球、粉团花

形态特征 绣球花是落叶灌木。小枝粗壮，圆柱形。叶大，纸质或近革质，对生，倒卵形或阔椭圆形，边缘有粗锯齿，叶面鲜绿色，叶背黄绿色，叶柄粗壮。伞房状聚伞花序，整朵花呈球状。花色多变，初时白色，渐转蓝色或粉红色。花期约在6~8月。

习性

性喜温暖、湿润环境。

种植技巧

1.栽培：生长适温15～25℃。绣球花忌强光，夏季应适当遮阴。

2.土壤：对土壤要求较高，喜肥沃而排水好的疏松土壤，盆栽可选用泥炭、腐叶土等栽培。

3.浇水：绣球盆土要保持湿润，但浇水不宜过多，特别雨季要注意排水，防止受涝引起烂根。冬季室内盆栽绣球以稍干燥为好。过于潮湿则叶片易腐烂。

4.施肥：较喜肥，一般10天施肥1次，生长期以氮肥为主，花芽分化时增施磷肥、钾肥，北方每年应施3次左右的硫酸亚铁，以防造成缺铁性黄化。

5.修剪：要使盆栽的绣球树冠美、多开花，就要对植株进行修剪。一般可从幼苗成活后，长至10~15厘米高时，即作摘心处理，使下部腋芽能萌发。然后选萌好后的4个中上部新枝，将下部的腋芽全部摘除。新枝长至8~10厘米时，再进行第二次摘心。绣球一般在两年生的壮枝上开花，开花后应将老枝剪短，保留2~3个芽即可，以限制植株长得过高，并促生新梢。秋后剪去新梢顶部，使枝条停止生长，以利越冬。

6.病虫害防治：主要有萎蔫病、白粉病和叶斑病，用65%代森锌可湿性粉剂600倍 液喷洒防治。虫害有蚜虫和盲蝽危害，可用40%氧化乐果乳油1500倍液喷杀。

百日草

别名： 步步高、节节高、对叶梅

形态特征 百日草是一年生草本花卉。叶对生长、椭圆形，叶边光滑。头状花序，舌状花扁平、反卷或扭曲、重叠，花色有白、绿、黄、粉、红、橙等，或有斑纹，或瓣基有色斑。花期6~9月，果期7~10月。

习性

喜温暖、阳光充足的环境。

种植技巧

1.栽培：生长适温18~25℃，气温高于35℃时，长势明显减弱。短日照植物，每天光照9小时左右为宜。

2.土壤：盆栽可选用泥炭、腐叶土、山泥等栽培，宜排水良好、疏松，忌黏重。

3.浇水：需经常保持适当湿度，夏天可每天浇水。

4.施肥：定植时盆底施入2~3克复合肥，定植后用800倍液敌克松灌根消毒。待根系生长至盆底就可开始追肥，每周施肥2~3次（晴天施水肥，浓度控制在200毫克/千克以内，雨天施粒肥2~3克/盆），还可补充施1次钙肥。定植1周后开始摘心，摘心后可喷1次杀菌剂并施1次重肥。在最后1次摘心后约两周进入生殖阶段，可逐步增加磷钾肥，如喷施磷酸二氢钾1000倍液，并相应减少氮肥的用量。

5.修剪：定植1周后开始摘心，平时注意清理黄叶。

6.病虫害防治：有病害黑斑病，可喷洒0.5%~1%的波尔多液或45%晶体石硫合剂50~100倍液，或70%代森锰锌可湿性粉剂600倍液，或70%甲基托布津1000倍液，每隔10~15天喷1次，连续喷2、3次，能取得良好的防治效果。

大花蕙兰

别名：杂种虎头兰、喜姆比兰

形态特征 大花蕙兰是多年常绿草本花卉，株高30～150厘米。假球茎硕大。叶丛生，带状，革质。花梗由假球茎抽出，每梗着花8～16朵，花色有红、黄、翠绿、白、复色等色。

习性

喜温暖、湿润环境，要求光照充足，但夏季花芽分化期需冷凉条件。

种植技巧

1.栽培：大花蕙兰喜强光，由于花期在春季，所以可长期日照，任阳光直射。生长适温为10℃～25℃。夜间温度以10℃左右为宜，尤其是开花期将温度维持在5℃以上，15℃以下可以延长花期3个月以上。

2.土壤：宜选择底部及四壁多孔的长筒型的盆,栽培基质应选用透气性、透水性好的树皮块或蕨根之类,盆下部要加木炭、陶粒等物以有利于排水。

3.浇水：成株需水量较大，在炎热的夏季，要注意喷水保湿，每天多次进行喷雾，忌空气过于干燥，过干不利于叶片生长。

4.施肥：生长期间应薄肥勤施，可追施稀薄的化学肥或复合肥，若施较多的骨粉，腐熟的豆饼肥，就能使花大而多。液肥应按1：1000稀释，每10天施1次，开花前应施足肥，开花期和盛夏季节不要施肥。

5.修剪：大花蕙兰的假球茎一般都含有4个以上叶芽，为了不使营养分散，必须彻底摘抹

掉新生的小芽和它的生长点。这种操作应从开花期结束开始，每月摘一次芽，至新的花期前停止，这样能集中营养，壮大母球茎，使花开得更大、更多。

6.病虫害防治：有病害真菌性炭疽病，可用1000倍代森锰锌、1000倍可杀得喷洒。病害软腐病，用6000倍农用硫酸链霉素、800倍井冈霉素防治。主要虫害有蛞蝓、叶螨，常用药剂：蛞克星（诱杀）、三氯杀虫螨等。

金橘

别名： 金枣、罗浮、牛奶金橘、羊奶橘、金弹

形态特征 金橘属小乔木，常绿，通常无刺，分枝多。片全缘，表面深绿色，背面表绿色，光亮。花两性，整齐，白色，芳香。果矩圆形或卵形，金黄色。果皮肉质而厚，平滑，有许多腺点，有香味。肉瓤4~5种子，卵状球形。

习性

喜温暖、湿润和阳光充足的环境，不耐阴、不耐寒。

种植技巧

1.栽培：生长期应放于阳光充足处，夏季避强光直射。冬季入室后，放向阳处，注意通风。光照不足、过于荫蔽会导致枝叶徒长，影响开花结果。

2.土壤：喜肥沃、疏松和排水良好的微酸性沙质壤土，pH值在6.5左右为宜。盆栽可用腐叶土4份、沙土5份、饼肥1份混合配制成培养土。

3.浇水：生长期浇水见干见湿，保持盆土湿润即可。过干会落果，过湿会烂根。夏梢生长期间要控制浇水，夏梢的腋芽膨大，由绿变白时，可恢复正常浇水。10月以后逐渐减少浇水，冬季要扣水，来年花才多。

4.施肥：在春季换盆的同时施足基肥，生长期4~5月上旬，每10天左右施1次以氮肥（如饼肥）为主的液肥，促发新芽和枝叶。5月中旬至9月后，每10天左右施1次以磷、钾肥为主的液肥，促花果繁茂。10月以后减少施肥至，冬季停止施肥。

5.修剪：在春梢萌发前进行一次修剪，按"强枝轻剪，弱枝强剪"原则，剪去重叠枝、枯老枝、交叉枝和病虫枝，只留3~5根上年生健壮枝条，每根枝条留基部2~3个饱满的芽。当新梢长至15~20厘米时，进行摘心，防止枝叶徒长。6~7月花后，如花较多，要适当疏花。着果后，也要适当疏果，一般一枝留果3~4个。新长出的秋梢要及时剪去，以提高坐果率。春节后应立即摘除全部果实，防止消耗过多养分。

6.病虫害防治：病害主要有煤烟病，可用清水擦洗或高锰酸钾500倍液涂洗。虫害主要是介壳虫，可用肥皂水等涂洗，或用20号石油乳剂100~150倍液喷杀。

别名： 圣诞伽蓝菜、矮生伽蓝菜

长寿花

形态特征 长寿花多生于阳光充足的热带地区，是多年生肉质草本植物。叶肉质，交互对生，长圆状匙形，深绿色。圆锥状聚伞花序，小花高脚蝶状，花色有绯红、桃红、橙红、黄、橙黄和白色等，有单瓣或重瓣。花期2~5月。

习性

性喜温暖、稍湿润和阳光充足的环境。

种植技巧

1.栽培：生长适温15～25℃。喜充足的光照，光线不足会影响生长。夏季高温季节，则需要适当遮阴，并置于阴凉处养护。冬季入温室或放室内向阳处，温度保持10℃以上，最低温度不能低于5℃，温度低时叶片容易发红。

2.土壤：对土壤要求不严，以肥沃的沙质土为好，盆栽可用腐叶土、肥沃的园土栽培。

3.浇水：虽然耐干旱，但应见干见湿保持土壤湿润，否则生长会减慢。

4.施肥：对肥料要求不高，一般在生长季节，15天喷施1次全元素肥料，在春、秋生长旺季和开花后进行，增施磷肥、钾肥。季应减少浇水，停止施肥。

5.修剪：需要及时处理黄叶和落花。停止生长，花败后可以修剪枝干造型。

6.病虫害防治：主要有白粉病和叶枯病危害，可用65%代森锌可湿性粉剂600倍液喷洒。虫害有介壳虫和蚜虫危害叶片和嫩梢，可用40%乐果乳油1000倍液喷杀防治。

朱砂根

别名： 富贵籽、红铜盘、大罗伞

形态特征 朱砂根为常绿灌木植物。除侧生特殊花枝外，无分枝。单叶互生，革质或纸质，椭圆状披针形至倒披针形，边缘具波纹或锯齿，顶端急尖或渐尖，基部楔形。花序伞形或聚伞状，花小，白色或淡红色。花期5～7月。核果球形，具斑点。果期9～12月。

习性

性喜温暖、湿润气候，忌干旱，较耐阴。

种植技巧

1.栽培：生长适温为16℃～28℃，由于它原产于亚热带地区，因此对冬季的温度的要求很严，当环境温度在8℃以下停止生长。对光线适应能力较强。室内栽种尽量保持通风透光，定期搬到室外遮阴处养护一段时间。

2.土壤：对土壤要求不严，以肥沃、疏松，富含腐殖质的沙质壤土为佳。盆栽可用腐叶土（或山泥）、菜园土、河沙混合配制，也可加适量有机肥。

3.浇水：春、夏、秋是朱砂根快速生长季节，对水分要求较多，应保持土壤湿润，并经常向地面洒水保持空气湿度。入冬后，适当控制水分。

4.施肥：朱砂根生长快，对肥料要求较高，在春至秋季的生长季节，10天施肥1次，前期以氮肥为主，现蕾期停止施用氮肥，增施磷、钾肥。入冬后，果实变红，这时停止施肥。

5.修剪：在冬季植株进入休眠或半休眠期，要把瘦弱、病虫、枯死、过密等枝条剪掉。也可结合扦插对枝条进行整理。

6.病虫害防治：偶有病害根腐病，可用绿乳铜或托布津800～1000倍液灌根。有虫害造桥虫和钻心虫可用40%乐果1000倍液、58%风雷激乳油1500～2500溶液或90% 敌百虫800～1000倍液喷雾，每隔5～7天喷一次，连续喷2～3次。

扶桑

别名： 朱槿、佛桑、木牡丹、大红花

形态特征 扶桑为落叶或常绿灌木，茎直立而多分枝。叶互生，阔卵形或狭卵形，先端渐尖，基部圆形或楔形，边缘有粗齿，基部全缘，形似桑叶。花大，单生于上部叶腋间，有单瓣、重瓣之分。蒴果卵形，极少结果。花色为黄、橙、粉、白等。花期为全年，夏秋最盛。

习性

喜阳光充足、温暖、湿润及通风的环境，不耐寒霜，不耐阴。

种植技巧

1.栽培：生长适温15～28℃。

2.土壤：对土壤要求不严，以肥沃、疏松的微酸性土壤中生长最好，盆栽可选用腐叶土、塘泥等栽培。

3.浇水：扶桑喜水，在生长期应保持土壤湿润，在干燥季节，应向叶面喷水保湿，增加空气湿度，有利于植株生长；如置于室外养护，遇雨天积水，要及时排除积水，防止烂根，冬季控水。

4.施肥：扶桑全年开花，对肥料要求较高，应及时补充肥料，一般10天施1次复合肥，也可与有机肥交替施用，效果更佳。

5.修剪：为了保持树型优美，着花量多，根据扶桑发枝萌蘖能力强的特性，可于早春出房前后进行修剪整形，各枝除基部留2~3芽外，上部全部剪截，剪修可促使发新枝，长势将更旺盛。修剪后，因地上部分消耗减少，要适当节制水肥。

6.病虫害防治：常发生病害叶斑病、炭疽病和煤污病，可用70%甲基托布津可湿性粉剂1000倍液喷洒。常见虫害蚜虫、红蜘蛛、刺蛾. 可用10%除虫精乳油2000倍液喷杀。

也门铁

别名： 也门铁树

形态特征 也门铁是常绿小乔木，茎秆直立，株高约200厘米。叶为宽条形，深绿色，无柄，叶绿色有光泽。伞形花序，花小，黄绿色，无观赏性。花期6～8月。

习性

性喜光照，喜温暖，耐阴、耐湿，稍耐旱。

种植技巧

1.栽培：生长适温为22℃～30℃，冬季应保持不低于10℃。喜半阴也耐阴，但在长期阴处养护则不利于植株健康，最好放于光线明亮有散射光处，但夏季要避免光照直射。长期在低光照条件下，色彩变浅或消失，从而失去观赏价值。

2.土壤：对土质要求不严，以保水性良好的壤土为佳，盆栽可选用腐叶土、河泥及田园土配制的基质，栽培时宜选用无孔花盆。

3.浇水：对水质要求不高，以软水为佳，以微酸性至中性为宜，盐分不能过高。对水分的需求也不是很大，一般浇水以见干见湿为宜。

4.施肥：喜肥，在生长期每10天施肥1次，不宜过浓，以氮肥为主，配施磷、钾肥，冬季停止施肥。

5.修剪：也门铁在生长过高时，下部叶片落得只剩杆了，就可以依照观赏角度去短截修剪，修剪后的上部枝干可以扦插于河沙或蛭石中培养生根成一新株。下部的枝桩由于无叶片蒸发水分，浇水时应少量或少次浇，置于半阳处或阳光充足处养护，待叶芽长出后，结合浇水施以氮为主的肥料促进叶片的生长。

6.病虫害防治：常见病害炭疽病，喷洒25%炭持灵可湿性粉剂500倍液或80%炭疽福美可湿性粉剂600倍液。隔10天左右1次，防治3、4次。

勋章菊

别名： 勋章花

形态特征 勋章菊原产于非洲南部，现我国南北均有栽培，多盆栽，一年或二年生草本植物。叶片像一头稍圆一头尖的橄榄，有全缘、有浅羽裂；舌状花有白、黄、橙、红和复色等，有些还带有光泽。花期4~6月，果期7~8月。

习性

性喜温暖、湿润和阳光充足的环境。

种植技巧

1.栽培：生长适温为15~25℃。花朵需要在阳光下才能开放，阴天花朵会闭合。每天可以日照6~8小时，但要避免长时间暴晒。

2.土壤：对土壤要求不严，以肥沃、疏松和排水良好的沙质壤土为佳。盆栽多选用泥炭或腐叶土。

3.浇水：夏季高温时，空气湿度不宜过高，盆土不宜积水，否则均对勋章菊生长和开花不利。

4.施肥：10~15天施肥一次，饼肥水或速效性有机肥均和，但不宜过浓，以防烧根。

5.修剪：花谢后及时剪掉残花，有助于形成更多花蕾，多开花。

6.病虫害防治：病害较少，常见虫害有潜叶蝇，可用40%乐果乳油1000倍液，40%氧化乐果乳油1000~2000倍液，50%敌敌畏乳油800倍液，50%二溴磷乳油1500倍液，40%二嗪农乳油1000~1500倍液等喷杀。

海芋

别名： 滴水观音、广东狼毒、野芋、老虎芋、象耳芋

形态特征 海芋原产于我国华南和西南一带，多年生草本植物，茎肉质、粗壮，叶柄粗、叶面近似心形。开花时雌花位于下部，雄花位于上部。结出浆果为淡红色。花期4～5月，果期6～7月。

习性

性喜高温、多湿的半阴环境。

种植技巧

1.栽培：生长适温为20～25℃。忌烈日，所以盛夏时节要移至室内，或用隔阳网遮光。

2.土壤：对土壤要求不高，以在肥沃的沙质土壤或腐殖质土壤中生长为最好，盆栽可用腐叶土、塘泥等种植。

3.浇水：海芋喜湿润，生长季节要注意保持盆土湿润，并置于通风良好的地方，干燥季节多向叶片喷水，保持空气湿润。

4.施肥：对肥料要求不高，每月施1、2次以氮肥为主的稀薄复合液肥，入冬停止施肥，并控制浇水次数。

5.修剪：清理残花败叶即可。

6.病虫害防治：常见病害白绢病，可用50%多菌灵1000倍液或50%托布津500～800倍液喷雾，10天左右喷1次，连喷2、3次，重点喷在植株的中、下部及盆土。有虫害介壳虫，可用40%氧化乐果乳油剂1000倍液喷杀。

宝莲灯

别名： 珍珠宝莲、宝莲花、壮丽酸脚杆

形态特征 宝莲灯是多年生常绿灌木。盆栽株高一般为50~120厘米。茎干四棱形，多分枝。叶片对生，粗糙、革质，长椭圆形、全缘，基出脉5 条或更多。花序生于枝顶，下垂，着生粉红色苞片。花期2~8月。

习性

喜高温、多湿和半阴环境，不耐寒。

种植技巧

1.栽培：生长适温为18~22℃。忌烈日暴晒，适宜室内栽种，偶尔需要放到荫蔽的开放环境吸收光照。

2.土壤：对土壤要求较高，以肥沃、疏松的酸性土壤为佳，盆栽多选用粗泥炭或腐叶土等为主配制的营养土。

3.浇水：在生长旺盛时期，应保持土壤湿润，在干燥季节，应向叶面喷水保湿。

4.施肥：对肥料要求较高，一般春季偏施氮肥，有利于发株，待现蕾时，可增施钾肥，也可定期施用腐熟的有机肥，施肥时可随浇水追施，忌施浓肥。

5.修剪：一般不需要太刻意修剪，要及时摘除黄叶，摘去败花。

6.病虫害防治：病害一般不多见，常见虫害有蚜虫，可以选用多菌灵和百毒清，分别对1500倍水，然后均匀喷洒于叶面上。

金钻蔓绿绒

别名： 喜树蕉、金钻、翡翠宝石

形态特征 金钻蔓绿绒主要分布于南美洲的热带地区，在我国多有栽培，多年生常绿植物。茎短，成株具气生根。叶长圆形，长约30厘米、有光泽，先端尖、革质、呈绒绿色。茎肉质粗壮，叶柄粗、叶面近似心形。开花时雌花位于下部，雄花位于上部。结出浆果为淡红色。花期4~5月，果期6~7月。

习性

喜温暖、湿润半阴环境，畏严寒，忌强光。

种植技巧

1.栽培：生长适温为20~30℃，低于10℃就影响生长。需放置在半阴处，夏季要避免烈日直射，防止灼伤叶片。还要避开暖气、空调及冷风的吹袭。

2.土壤：以在富含腐殖质、排水良好的沙质土壤中生长为佳，盆栽多用泥炭、珍珠岩混合配制营养土。

3.浇水：要经常保持土壤湿润，忌过干。当夏、秋两季空气干燥时，还应向植株喷水保湿、降温。

4.施肥：喜肥，生长旺期每月施肥水2~3次，忌偏施氮肥，否则会造成叶柄长而软弱，不易挺立，影响观赏效果。

5.修剪：清除枯败花叶。

6.病虫害防治：有见病害根腐病，可用0.3%~0.5%高锰酸钾溶液喷雾或灌根，7~10天1次，连续2~3次。有见虫害红蜘蛛，可用尿素5克，加洗衣粉1克，加水50克喷洒，既可杀虫又可作叶面肥。

Part4
水培花卉基础
及养护实例

水培花木取材

水养植物可根据植物生长和繁殖特性，通过插穗水插法、分株法和脱盆洗根法三种方法取材方法。

一 插穗水插法

按一定的长度剪取插穗直接插入水中促根的方法，此法宜在春秋两季进行（夏季高温根系易腐烂，冬季低温不利生长），适用于原有土培根系不适应水环境的植物，这些植物老根在水中容易腐烂，需长出新根才能适应。

1.这种方法宜在春秋两季进行，先选择容易生根和成形快的品种。

2.选剪取营养充足、生长健壮的根以上部位或枝条，离节位下0.2～0.5厘米处斜剪一刀。

3.插入水中诱导生根。插穗水插后要注意勤换水，切口、水质和容器都要保持清洁。

4.待萌发的新根长到1～2厘米后，转入营养液中培养。

二 分株法

将成簇丛生的植株带根分离出，或将植物的蘖芽、吸芽、匍匐枝等分切下来水养的方法。

三 脱盆洗根法

选取已成形的盆栽植物，脱盆后先用水洗净根部的基质，再进行水培的方法，此方法适用于较为易养的植物，不宜选择株型太小的植物，刚分株根系较差的可先在固体基质中养护待根系发达后再洗根。

1.先选将土培的花卉脱盆后，去除泥土。

2.对根系进行修剪。

3.冲洗干净根部的泥土或其他基质。

4.把植物的根系洗净，放入清洗干净的器皿中用清水养护，并放置在荫蔽环境，需经常向植株和周围环境喷水，最好1～2天换水一次，直到长出新根后才转为正常养护管理。

水培花木基础养护

在种植多肉植物的过程中，有以下几个要点需要注意：

清洁

水质浑浊、滋生青苔、器皿透明度下降、根系上附生黏附物等现象，都会影响植株的正常生长和观赏性，因此要不定期地进行清洗容器和植株。

1.取出植株，用小剪刀将植株根系中的老化根、烂根除去，用自来水冲洗干净根上黏着的污物、黏状物等。

2.在容器中加入适量玻璃净或洗洁精，也可用0.1%的高锰酸钾溶液清洗容器。做消毒处理并冲洗干净。

3.用刷子或布块清洗容器内外壁，然后用清水冲洗干净。

4.换上新鲜水或培养液，将植物放置回器皿内。

补水和换水

水养花卉水位的控制宜低不宜高，将根系1/3～1/2没入水中即可，切忌应使植株的根颈部位被水淹没。在水养过程中，植物会通过叶片的蒸腾作用消耗掉部分水分，容器通过开口处也会蒸发掉一些水分，因此，在培养一段时间后，容器内的水会减少，水位会下降，要适时地补充水分。补充新鲜水分也可增加根系环境中氧的含量，有利于植物根的发育。

定期或不定期换水也是管理植物的要点之一，以保持水养溶液的新鲜。培养用水可用泉水、井水等，自来水宜静置一两天后使用，如果用饮用的矿泉水会更好，因为纯

净水没有污染、透明度好，是最理想的水质。换水时间可依据培养的具体情况来确定，一般春夏季可每3～5天换水一次；秋冬季每两周换水一次。如果水质纯净、清洁，植株和根系生长良好，也可再延长换水时间，只需补充蒸发的水量即可。

护理要点

　　为花卉提供一个良好的温度和合适的光照环境条件，可使水养花卉培养的时间长一些，观赏性好。夏季高温时可通过叶面喷水来降温；冬季低温时可用近距离灯光加温。通过调整摆放位置减少徒长或偏冠现象。剪去枯枝黄叶可有利于花卉的生长、减少病虫害的发生。因养护不当或病虫侵染等造成水养植株观赏性受到影响，可采取更新植株来提高其观赏性。

营养液的使用

有些花卉生长和开花需要大量的养分，因此，需要在水养液中加入营养液，以满足植株生长和开花的需要。营养液可以到水培花卉专卖店购买，根据所要培养的花卉品种来选购。使用时一定要严格按照说明书上的比例兑水稀释，掌握宜稀多次用的原则。一般营养液可在换水时加入，需求量大或换水时期较长，也可在中期补充加入。用静置一两天的自来水来配营养液，有条件的用纯净水来配营养液更好。

1.选购适合的水养花卉营养液。

2.将花卉取出，按一定比例向水中滴营养液。

3.将花卉重新插入容器内。

银皇后

别名： 银后亮丝草、银后万年青、银后粗肋草

形态特征 银皇后是天南星科多年生草本植物。株高30~40厘米，茎直立不分枝，节间明显。叶互生，叶柄长，基部扩大成鞘状，叶狭长，浅绿色，叶面有灰绿条斑，面积较大。

习性

喜高温、高湿的环境，喜明亮的光照，较耐阴。生长适温20~30℃，冬季温度不能低于10℃。

种植技巧

1.培养方法：

（1）适合春夏季脱盆洗根水养，或剪取带有气生根的植株水插

（2）约15天可生根。

2.护理方法：

（1）水养初期要经常修剪黄叶，勤换水。

（2）叶面经常喷水，用0.1%的磷酸二氢钾稀释溶液喷叶面肥，可提高观赏性。

（3）夏季要改用清水养，并置于阴凉环境。

别名： 莲座草、石莲花

莲花掌

形态特征 莲花掌为景天科多年生无茎多肉草本植物。叶片莲座状排列，肥厚如翠玉，姿态秀丽，形如池中莲花，有匍匐茎，叶丛紧密，直立成莲座状，叶楔状倒卵形，顶端短、锐尖，无毛、粉蓝色。花茎柔软，有苞片，具白霜，8~24朵花成聚伞花序，花冠红色，花瓣披针形不开张，花期为7~10月。

习性

喜温暖干燥和阳光充足环境，不耐寒、耐半阴，怕积水，忌烈日。过于阴暗植株会徒长，失去观赏价值。冬季温度必须维持在5℃以上。

种植技巧

1.水养方法

（1）直接脱盆洗根后水养。

（2）摘一片叶子或一段匍匐茎，插入河沙中，约15~20天萌发新根，长出小植株。

2.护理方法

（1）莲花掌不耐湿，植株宜离水水培，只要根系伸入水中即可。

（2）炎热夏季和严寒的冬季宜用清水莳养，春秋季宜用低浓度的营养液培植。

（3）需放置于光线较好处，若长期置于荫蔽处，易徒长而叶片稀疏。

水晶花烛

别名： 美叶花烛、趾叶花烛、掌裂花烛

形态特征 水晶花烛为天南星科多年生常绿草本植物，四季绿意盎然。幼株叶片银紫色，成长后呈暗绿色具天鹅绒状光泽，叶片呈心形，或阔卵形，叶端尖，叶基凹入，翠绿色，叶脉银白色，脉纹清晰。

习性

喜高温多湿的半阴环境，生长适温20~28℃，最低气温不能低于15℃。

种植技巧

1. 水养方法：在春夏季直接脱盆洗根后水养即可。

2. 护理方法：

（1）炎热的夏季要改用清水养，并经常向叶面喷水，保持空气湿度，忌阳光暴晒。

（2）冬季要注意防冻，气温需保持15℃以上。

（3）在生长季喷洒叶面肥可使叶色更美丽。

别名： 白柄粗肋草、绿皇后

白雪公主

形态特征 白雪公主为天南星科万年青属植物中最美丽的观叶植物之一，株高30~60厘米，株型优美。叶长20~30厘米，长椭圆形，具长柄，叶绿色，叶片有清晰的白色叶脉，叶脉、茎秆、根都是白色的，故取名白雪公主。

习性

喜高温、湿润的环境，耐半阴，忌强烈暴晒，不耐寒；生长适温20~30℃，冬季最低不得低于8℃。

种植技巧

1.水养方法：

（1）因其根系本身发达且洁白如雪，可直接洗根水养。

（2）四季都适合水养。

2.护理方法：

（1）初春需要较强的阳光照射，盛夏需遮阴，夏季气温高时，还要改营养液为清水养，且要增加换水次数。

（2）刚洗好的根，难免带有泥土的影子，先用造型美观的陶土盆水养，待根系更加漂亮后，改用透明器皿水养，其观赏效果更好。

（3）叶面要经常喷水，保持较高的空气湿度。

图书在版编目(CIP)数据

花木养护一本通 / 犀文图书编著. -- 北京 : 中国
农业出版社,2015.1(2017.4 重印)
(我的私人花园)
ISBN 978-7-109-20108-8

Ⅰ. ①花… Ⅱ. ①犀… Ⅲ. ①花卉－观赏园艺 Ⅳ.
①S68

中国版本图书馆CIP数据核字(2015)第001468号

本书编委会:辛玉玺 张永荣 朱 琨 唐似葵 朱丽华
何 奕 唐 思 莫 赛 唐晓青 赵 毅
唐兆璧 曾娣娣 朱利亚 莫爱平 何先军
祝 燕 陆 云 徐逸儒 何林浈 韩艳来

中国农业出版社出版

(北京市朝阳区麦子店街18号楼)

(邮政编码:100125)

总 策 划 刘博浩

责任编辑 李 梅

北京画中画印刷有限公司印刷 新华书店北京发行所发行
2015年6月第1版 2017年4月北京第2次印刷

开本:787mm×1092mm 1/16 印张:8
字数:150千字
定价:29.80元

(凡本版图书出现印刷、装订错误,请向出版社发行部调换)